了不起的
中国
超级食物

[澳] 金伯利·阿仕顿 ——————— 著
Kimberly Ashton

孙佳音 ——————— 译

郑州大学出版社

郑州

图书在版编目（CIP）数据

了不起的中国超级食物 /（澳）金伯利·阿仕顿 (Kimberly Ashton) 著；孙佳音译 .—郑州 : 郑州大学出版社 , 2019.10

ISBN 978-7-5645-6687-6

Ⅰ . ①了… Ⅱ . ①金… ②孙… Ⅲ . ①饮食—文化—中国

Ⅳ . ① TS971.2

中国版本图书馆 CIP 数据核字 (2019) 第 181962 号

郑州大学出版社出版发行

郑州市大学路 40 号　　　　　　　　邮政编码 : 450052

出版人 : 孙保营　　　　　　　　　　发行部电话 : 0371-66966070

全国新华书店经销

北京彩虹伟业印刷有限公司

开本 :　710 mm×960 mm　1/16

印张 : 16

字数 : 186 千字

版次 : 2019 年 10 月第 1 版　　　　　印次 : 2019 年 10 月第 1 次印刷

书号 : ISBN 978-7-5645-6687-6　　　　定价 : 65.00 元

本书如有印装质量问题,请向本社调换

前言｜PREFACE

"超级食物"一词被用来形容那些具有长远历史积淀、深厚传统意义和丰富营养价值的食物。许多在西方家喻户晓的超级食物都来自南美、东南亚和东亚饮食文化，然而还有很多并不被人们所熟知的超级食物其实就在中国土生土长，一直被广泛使用在中式菜肴中。《了不起的中国超级食物》一书就为大家揭开中国超级食物的神秘面纱，真实展现它们，并将其制作成独具现代气息的佳肴。当然，本书绝不仅仅是一本食谱书而已，它还简要涵盖与中国传统医学和自然平衡饮食相关的营养知识和重要信息。

我们热爱厨房并且享受玩转中国传统食材的美妙过程，并将其与创意的亚洲风味巧妙结合以创造出令人垂涎欲滴的美食。在本书的创作中，我们深入研究了许多来自中国的"超级食物"，如山药、红枣、豆腐、芝麻、五谷杂粮和莲藕。在研究的过程中，我们不仅感受到了满满的食物能量，还碰撞出了健康烹饪的火花，同时更探索到不少有益健康的应季而食的技巧。

怀揣着心中一如既往的对食物的热忱，我们将自己的使命定义为激励更多中国年轻人和国际烹饪爱好者走进厨房，不断体验食材结合与创造的感动，用心体会功能食物的魅力，尽情享受厨房带给我们的无限乐趣。

★ 本书也适合纯素食主义者阅读。

目录| CONTENTS

根茎类蔬菜

第一章

什么是
中国
超级食物

Chapter One

在诸多形容食物的词汇中，"超级食物"一词尤显新潮酷炫，它被用来描述那些已长时间被人们广泛使用且营养价值极高的食物。在西方国家，早已为人熟知的超级食物有很多，例如生可可、枸杞、巴西莓、亚麻籽、姜黄、肉桂和姜等，这些食材几乎可以在所有的健康食材店内被轻易找到。有人说它们的价格就是因为"超级食物"四个字被炒得太高了，但事实上，它们并不是什么"物以稀为贵"的山珍海味，如果你问任何地方祖母辈的人物，或直接请教你的奶奶或外婆，她们的厨房里肯定会有不少超级食物的身影。对于如何在料理中烹饪，如何将它们与其他食物完美结合，甚至如何使用它们才能达到某些疗效，相信这些人也会如数家珍、滔滔不绝。总之，超级食物其实就是传统的好食物，天生带着极高的营养密度。

在中国和亚洲其他各地，超级食物的概念已被商家敏锐的嗅觉捕捉到了。消费者们尤其是那些具有健康意识的消费群体，自然对它们趋之若鹜，不仅纷纷大掏腰包选购，还主动学习相关知识。我本人实在太爱超级食物了，以至于喜欢把它们称为"神奇食物"，但尽管如此，我还是希望尽自己的努力让越来越多的人了解到，有许多毫不起眼的常见的超级食物其实就在你身边。你可以随时在中国或亚洲其他任何当地市场买到它，即便生活在远离亚洲的异国他乡，亚洲商店的存在也绝不会让你错过。这些超级食物虽然平常得不能再平常，但却含有丰富均衡的营养，能够预防疾病、疗愈身体，绝对值得我们多多了解和探索。

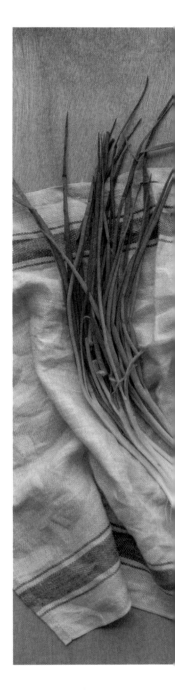

你也许会对白萝卜、牛蒡、糙米、薏苡仁被冠以"超级食物"的桂冠感到惊讶。它们的确很常见，但平凡并不代表没有超级能量。事实上，它们不仅仅是超级食物，还是其中最优秀的几种，富含的维生素、矿物质、抗氧化剂、膳食纤维、益生元能够助你维护最佳健康状态。

全世界范围内，从南美到东南亚再到中国，每种饮食文化中都有各式各样的"超级食物"。我们非常开心有机会在这里分享自己创意融合的亚洲食谱，并以此鼓励大家走进厨房，爱上烹饪！

我撰写这本书的灵感与动力源于个人的亲身经历。过去十多年中，我不仅研究、教授、实践和享受西式超级食物，还有幸在中医学习、自我疗愈、自然平衡饮食和食疗教学过程中接触到了在中国土生土长的平常却又特别的食材。

中国的年轻人与真正的食物烹饪间的联结正慢慢淡化消失。面对这样不幸的现状，我与健康教练兼摄影师朋友英奇·德威特（Inge Dewitt）都有意愿用实际行动呼吁大家重新关注健康饮食。我们联合制作了这本记录着融合了创新口味的营养食谱，谨此献给健康食物爱好者们！

对于那些喜欢亚洲蔬食或者渴望了解更多关于超级食物和亚洲美食的读者，我们衷心希望你们能够享受这段奇妙的美味之旅。

本书中提到的超级食物都是我们经过反复研究、精挑细选而得来的，实在很难进行再次删减，但我们坚信这些食材已经具有很好的代表性，也为大家提供了不少新鲜的理念。年轻的读者朋友们，我们希望大家都能从中获得些许启发，也许你可以问问奶奶是否喜欢这些食谱中对她早就习以为常的超级食物的呈现，甚至可以亲自做上一两道菜给她试吃！

我们的中国超级食物探索之旅就是从研究上述几大类食材中的一点点开始的。每一种超级食物都有其独特的健康益处、功效性能、质地味道、烹饪方法和适宜搭配。首先，我需要声明我在文中使用的"中国食疗""传统中医食疗""自然平衡饮食"三个词具有异曲同工之意，因此可以被交替使用。"食疗"常常被人们用于表示通过借助食物来改善健康甚至治疗身体疾病。"中医食疗"一词也是如此，但它涵盖了更多传统中医流传下来的伟大智慧，如阴阳、寒热、祛湿、时令滋补品与食用香草，还常常结合药用中草药、针灸、艾灸和推拿。

"自然平衡饮食"一词在 1776 年被一位名叫 Christoph von Hufeland 的医生率先使用，接着又在 20 世纪 70 年代由日本天然食物及东方医学导师 Michio Kushi 先生不断传播发展（Michio Kushi 是 George Ohsawa 先生的得意门生之一。George Ohsawa 曾经生了重病，一位名叫 Ishizuka 的医生亲自运用天然食物和阴阳疗法帮助他慢慢康复。在这个过程中，Michio Kushi 从 Ishizuka 医生那里学到了非常珍贵的理论和实践知识，并在美国将其加以推广）。这两位先行者所使用的"自然平衡饮食"都基于自然饮食、自然生活以及平衡钾钠、酸碱、阴阳的理念，他们二人也都认可平衡的饮食及生活方式能够带来健康长寿和美好生活。"自然平衡饮食"所指代的意义早已超越了饮食或营养，更是在指导我们合理选择食物，接收食物所传递的能量，将食物与个人身体健康、整个社会、自然环境更紧密地相连，以及如何与自然母亲互动、和谐相处。

过去 10 至 15 年中，这个词语在中国台湾很盛行并被翻译为"长寿饮食"。2011 年，我开始在中国大陆教授长寿饮食基础课程并开设工作坊。直到 2017 年，在我的团队的帮助下，我们将其中文名称做了更新，译为"自然平衡饮食"，以便更好地表达"平衡"，这也是它最核心的意义之所在。

如果你对学习中医食疗或自然平衡饮食感兴趣，请通过我的个人网站与我取得联系并获取更多信息。

让我们再回到中国超级食物这个话题上来。超级食物相较于其他食物来说，具有更高的营养密度，即含有更多的维生素、矿物质、膳食纤维及抗氧化剂。举个例子来说，生菜和黄瓜都是很健康的食物，不过因为它们主要的组成物质是水，因此相对来说不如羽衣甘蓝、菠菜和西兰花那么"超级"。当然，请大家不要误会，我们的意思并不是说应该只吃超级食物，只是本书中我们的研究重点是中国超级食物。我们希望给大家带来一些不错的灵感去认识、烹饪并享用它们。通过这本书的分享，很开心将我们最喜欢的，甚至是那些大家没听说过的超级食物带到读者的视野中，帮助大家学习如何使用它们来提升自己的健康水平。

请注意，本书为食谱书，所有在理论和食谱中出现的信息均出自个人建议，仅作为健康烹饪指导，所涉及的调理和疗愈信息并不能替代你的私人医生、中医、自然疗法医生所提供的专业治疗方案。

根茎蔬菜

让我们从土地的最底层开始，从字面表达的意思来看，生长在土地最下面的蔬菜就是根茎类蔬菜。这是我最喜欢的食材类型之一，包括任何生长在地下土壤中的蔬菜。一般来说，在土壤中生长的时间越长越好。根茎蔬菜的能量可以滋养我们的消化器官、身体的下半部分、肾脏、肾上腺和根脉轮（如果你碰巧喜欢练习瑜伽的话，你应该知道这个脉轮的意义）。在自然平衡饮食中，我们建议大家在冬季多多烹饪和享用根茎类蔬菜，不过在任何你需要更多地连接大地、镇静、沉稳的能量时，都可以试着在饮食中加入如牛蒡、胡萝卜、山药之类的食材，会有不错的效果。

这就是了解食物、食物能量学和超级食物的好处，你可以自如地运用所学的知识来平衡情绪与能量，从而获得健康和幸福感。

根茎类蔬菜包括：

☆姜和姜黄科根类食材

☆牛蒡

☆山药

☆各类萝卜

☆甜菜根

☆葛根

☆韭菜、小葱和大葱的根（不要浪费这部分，记住蔬菜本是完整的，食

用整个蔬菜才是最健康的做法，根部含有大量的膳食纤维、矿物质和能量）

☆莲藕（虽然不在土壤中种植，但在水中生长）

☆红薯（它没有明显的根，但作为在土中生长的具有丰富营养的食材，我们仍旧把它放在这里讲解）

莲藕

莲藕是一种多年生水生植物，也是一种在水下生长的根茎类蔬菜。它的样貌很特别，内部有一通到底的气孔通道。莲藕在中国和日本菜肴中非常常见。

莲藕的口感十分清脆，水分多，味道温和甘甜。它富含植物营养素、矿物质、维生素、膳食纤维、缓慢释放的复杂碳水化合物，有助于血液循环。如果你需要铁、维生素 B、维生素 A、钾和铜来促进你的红细胞，那么莲藕就是你的最佳选择。维生素 C 值得特别提及，因为每100 克莲藕就能满足每人每日所需的维生素 C 摄取量的73%。

在中国有一道莲藕做的特色菜，将具有黏性的糯米与红枣一起塞入莲藕的孔中并做成甜品食用。而在日本，莲藕常常被制成粉末在甜品中使用。自然平衡饮食也非常看重莲藕这种能溶解肺部黏液和消除充血的功能性食物。我们喜欢将它切片和其他蔬菜一起炒熟、蒸熟或者与味噌汤搭配。

紫薯

紫薯是一种原产于南美的富含淀粉的根茎类蔬菜，也是我最喜欢的薯类之一。它的颜色如此美丽，口感也令人惊叹。和薯类家族里橙色的甘薯兄弟一样，经过蒸或烤之后会散发出甜甜的味道，并且有一种温和的坚果香。

再次强调，它是超级食物，富含膳食纤维，并且天生的紫色表示它有丰富的花青素，这是抗氧化和抗炎症的战士，其抗氧化能力比白土豆高出 4 倍。紫薯还富含维生素 B_5、B_6、B_1，烟酸，核黄素，铁、钙、镁、锰和钾，这些营养物质对蛋白质和碳水化合物的代谢很重要。

传统上人们会把紫薯蒸熟当作早餐或配菜食用。薯类更多被认为是一种蔬菜而不是像米饭这样的主食，它们可以简单地煮熟或蒸熟，也可以碾碎成泥用在甜点和面包上。

还有一种不错的做法，就是借用西式料理烤蔬菜的方式将紫薯与大蒜、迷迭香等香料一起烤熟或浅煎，味道也很不错。而在这本书中，我们把它做成甜点挞，在第四章食谱章节你会读到。

牛蒡

牛蒡原产于欧洲和亚洲北部，现在广泛分布于美国各地作为杂草生长。但在日本（日本人称牛蒡为 gobo）和欧洲部分地区，牛蒡被作为一种蔬菜种植和食用。

牛蒡长相平凡，颜色呈深棕色，可入药治疗疾病。这种植物可以长到 90~120 厘米高，不挑剔环境，几乎在任何类型的土壤中都能生存。

在传统中医中，牛蒡被认为与肺经和胃经相连，用来平衡体内热量和改善皮肤健康。牛蒡偏凉性，因此需要通过烹煮改变它的能量属性，同时使其更易消化，毕竟它是一种非常坚硬和含有很多粗纤维的蔬菜。

牛蒡的根、幼芽、去皮的茎和干燥的种子都富含抗氧化剂，热量低，纤维含量高，还含有菊粉，能够对抗疾病、改善便秘、提高益生元及降低血糖水平，它还含有极高的电解质。

牛蒡在日本烹饪中通常被用在一种名为金平的传统菜肴中，这种菜肴是用牛蒡丝、胡萝卜丝、酱油和味淋慢炖出来的，我们在这本书的第四章食谱部分会有讲解。而在中国，我们常常用干的牛蒡制茶或煮汤。

山药

山药是一种富含碳水化合物的薯类主食蔬菜，有许多品种、形状和大小。山药是根茎类食材，生长在温暖的热带环境中，与甘薯和芋头是一家人。它富含膳食纤维和复杂碳水化合物，同时升糖指数低、脂肪低，还是良好的核黄素、叶酸和维生素 B 族的来源。

山药的种类总数不到 200 种，而中国山药尤其特别，因为它们的形状很长而且长着"毛发"。在中国，山药最常见的吃法是蒸熟后加上醋和酱油当凉菜吃，或是简简单单地清蒸后作为配菜或小吃享用，这确实是中国传统的超级食物之一，可惜现在人们已经不像以前那样频繁地吃它了。

我猜想最有可能的原因是山药的皮、须和黏液会让人皮肤发痒很不舒服，所以要小心，在处理山药的时候最好戴个手套，这样会好很多。清洗和削皮完毕后，烹饪山药就非常容易，而且一旦山药变熟，它就不再具有让你皮肤发痒的魔法。

这是我们认为最特别和大胆的中国超级食物之一，希望你能学会享受它的味道和健康功效，用来滋养脾脏、放松身体。还等什么呢？走进厨房卷起袖子，开始你的烹饪之旅吧！

白萝卜

白萝卜实际上是一种十字花科蔬菜，也是十分常见的一种白色的长型根茎类蔬菜，有些人会称它为"白色胡萝卜"，主要在东南亚国家、中国、日本和韩国被种植和烹饪。虽然大多数人只吃白萝卜白色的部分，但我们非常喜欢保留它茂盛的绿叶，丢掉实在可惜。萝卜叶含有相当高的维生素 K 和多种营养素，不管是放入汤中还是切碎作为装饰，都很不错。

白萝卜的热量很低，而且富含抗氧化剂、维生素、矿物质、电解质和膳食纤维，其实上述这些营养几乎存在于所有我们提到的中国超级食物中，厉害吧！白萝卜还蕴藏了大量的消化酶（淀粉酶和酯酶），与我们消化道中的酶类似，也就是说对我们的肠道健康十分有利。它是可以解毒的食物，能够帮助身体净化血液和尿液。另外，还含有丰富的维生素 C 和钙质，有利于我们的免疫系统及骨骼。

这种长长的白萝卜在亚洲传统上常被煮汤，或者用酱油慢慢炖出丰富的香味，还会被磨成萝卜泥作为新鲜的调味蘸料，甚至是变成美味的咸味点心。它是我们最喜欢的健康食材之一，如果你想要帮身体排毒或减去多余脂肪，不妨多吃一些白萝卜。

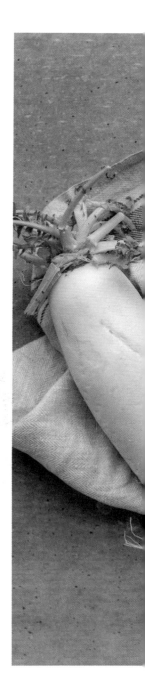

姜

姜是一种常被作为香料使用的食材，以辛辣刺激的气味和暖身的功效而著名。它是绿色生姜植物的地下根茎部分，姜体部分有许多颜色，可以是黄色、白色或红色，这取决于你能找到或购买到的品种。

姜原产于南亚地区，在中国、印度和中东古代历史中都有提及，用于制香、烹饪和入药。

营养上，姜含有维生素 B_6、维生素 B_5、钾、锰、铜、镁等多种人体必需的营养素，能够缓解运动疼痛、恶心呕吐、消化不良和胃痛，是一种非常方便和功能广泛的香料。

它的特别之处还在于含有一种有效的抗炎化合物，叫作姜辣素，这是一种神奇的植物营养素，具有强大的药用特性，能够保护我们免受自由基的损伤。

在部分亚洲饮食文化中，姜无处不在，从茶、汤、炒菜到咖喱、鱼、蔬菜，甚至在烹饪豆腐时，几乎每天都会用到生姜。我们喜欢将它磨蓉煮水来泡脚或热敷肾脏所在的身体区域，你没听错，这就是姜疗而且效果非常棒，真是一种物美价廉的超级疗法。既能吃又能用，必须被算作中国超级食物！

百合

百合带有独特的香气，散发出淡淡的果香和花香。在中国，尤其是夏天时，我们用它做汤或炒菜。

百合在中国作为食材和药材已有 2000 多年的历史，传统中医认为它有助于改善失眠和减轻咳嗽。它富含膳食纤维、钠和优质碳水化合物，球茎的部分还含有蛋白质、淀粉和少量的铁、钙、磷、维生素 B_1、维生素 B_2 和维生素 C。

不管是新鲜的还是干的百合，它们都具有收敛和舒缓的特性，因此在治疗溃疡和炎症时也非常有效。

绿叶 / 瓜果类蔬菜

我喜欢所有绿色蔬菜，各种各样的，无论是西方的、中国的还是东南亚的，都很美味！我的母亲是中国人，我很幸运能被她抚养长大，她是一位出色的厨师，我的祖母也是。每天的午餐和晚餐我们都会有 1 到 3 道新鲜蔬菜做成的美味佳肴，我们全家人从小就喜欢吃蔬菜。看到现在有那么多的孩子挑食，我们烹饪课上许多前来学习的学生也时常抱怨自己的孩子不吃绿叶蔬菜，这让我感到很难过。

父母需要自然地将各式蔬菜加入家庭饮食中，而不是刻意地把它们作为一个专门的食物类别来看待，尤其不要在孩子面前说"现在的孩子都不喜欢吃蔬菜"。很可惜，这是一个非常不幸的趋势，全球任何一个国家无一幸免。其实孩子们天生喜欢蔬菜，直到有一天一个成年人不断强调蔬菜不像肉、糖或乳制品那样好吃。

我们每个人都必须学会烹饪绿叶蔬菜，只需简单的调味料就可以快速且轻而易举地做出好吃的蔬菜，并且享受到它们的本原风味。千万不要煮或炒得太久太烂，甚至等它开始变黄变蔫，这都是营养快速流失的表现。请保持它们的清脆、绿色和新鲜，一点盐、水、大蒜、姜或油就已足够，越简单越健康。

绿叶蔬菜带给我们生命力，它们散发着向上和外放的能量，足够的水分、优质的膳食纤维、维生素和多种微量营养素，没有人不需要这些美好的营养和能量。

我邀请你跟着我每周试一种新的你从没吃过或很久没吃过的当季绿叶蔬菜，保证多样性和趣味性就是爱上蔬菜的秘诀。

接下来，就让我简要向大家介绍以下我们罗列在本书中的绿叶蔬菜。

芥蓝

我们将芥蓝归为甘蓝科蔬菜，这也是许多中国绿叶蔬菜占比最大的分类。甘蓝和芥菜不同，它的味道比较温和，没有那么强烈浓重甚至带有苦味或辛辣的后味。

像所有绿叶蔬菜一样，芥蓝也是一种营养丰富的强效食材，含有大量的维生素和矿物质，如维生素 K（对骨骼健康非常有益）、维生素 A 和维生素 C、抗氧化剂和抗炎化合物。它有很多益处，如有利于饮食和消化，有助于对抗癌症，呵护心脑血管健康，促进排毒等。

维生素 C 是一种强大的抗氧化剂，有助于帮助身体抵抗感染性物质和清除有害自由基。为了自己的身体，请多吃点绿色蔬菜！

上海青（油菜）

上海青原生于中国，在这里的种植历史已超过 5000 年，从那时起便传入了世界各地。它是中国大陆和东南亚许多国家最著名和常见的蔬菜之一，在西方国家也很受欢迎。外国人普遍受不了味道太重的绿叶菜，不过上海青的味道相对温和。

上海青是一种从地表直立生长的小小植物。在结构上，上海青类似于羽衣甘蓝，顶端的叶片微微绽放着。它有着绿色的叶子和白色的茎秆，两部分相连。它也是一种低热量的绿叶蔬菜，100克的热量只有13卡路里，而且它还含有很高的膳食纤维、营养素和抗氧化剂。

上海青富含维生素K，这种维生素促进骨细胞内的骨萎缩活动，从而协助骨骼的代谢。相信我，绿叶菜的钙质比牛奶的钙质更好，也更容易吸收！

此外，新鲜上海青还有维生素B族，如维生素 B_6、维生素 B_2、维生素 B_5 和维生素 B_1。这些维生素是人体必需的，它们帮助身体产生能量并形成红细胞，我们无法自己制造它们，只能从外部获取。

由于含铁、锌、维生素K、钙、磷和镁，上海青是增强骨骼健康的好选择；又含维生素 B_6、叶酸、钾、钙和镁，对心脏健康十分有利。

大白菜

大白菜有许多不同的类型、形状和大小。中国传统大白菜是中国大陆最受欢迎的多叶包心菜之一。从植物学上来讲，大白菜属于芸苔科，它是一个多叶蔬菜的大家族。

大白菜口感甜、脆甚至有点芹菜味，是亚洲菜肴中最受欢迎的食材之一。毫无疑问，中国的大白菜已经越来越多地被用于西方的饮食中，以获得更加全面有益的营养。

大白菜最初是在长三角地区种植的，古代著名药物学家李时珍发现它其实是一种药用植物。到1880年左右，中国将大白菜传入日本，又在1890年左右随着移民人口进入北美洲。

大白菜是一种非常清爽的蔬菜，因为它的卡路里含量非常低，并且含有丰富的膳食纤维（不仅有水溶性膳食纤维，还有非水溶性膳食纤维），可直达大肠，有助于促进正常排便，改善结肠健康，维持体重平衡，控制血糖水平和降低胆固醇。卷心菜中还含有许多抗氧化剂化合物、胡萝卜素和叶黄素。此外，它是优质维生素 C 和维生素 K 的来源。

红苋菜

　　红苋菜是一种多年生灌木植物，属于苋科，曾经被南美的古阿兹特克人、玛雅人和印加人视为主食。这种带有华丽的紫绿相间（也有纯绿色）的蔬菜正在西方现代"超级食物"领域卷土重来，其种子（通常被作为谷物出售，可以烹饪食用）在健康咖啡馆很受欢迎，也通过加工变成营养补充剂，甚至还被制成苋菜烘焙粉，真是想不到现在的人能把苋菜搞出这么多花样。

　　之后，苋菜以种子和谷物还有叶片蔬菜的形式被传入亚洲。在希腊语中苋菜意味着"永恒"，阿兹特克人把它称为"不朽的食物"，而在印度它传达着"国王的谷物"这样高贵的含义。

　　苋菜的味道和菠菜相似，但味道更浓，而且很容易烹饪。它还有微微的咸味，特别是红苋菜，因此在烹饪时不需要加太多的盐。在中国，它常与大蒜一起炒熟作为配菜，当然做汤也不错。而在印度南部，人们把苋菜和豆子一起炖熟再捣碎并用香料调味。在加勒比海地区，苋菜通常和大蒜、洋葱和西红柿一起做成炖菜。

　　苋菜之所以能够成为中国超级食物，不仅因为它营养丰富，而且极易获得，这是本书希望达到的目标之一，那就是使超级食物这个概念变得生活化、平常化。

苋菜可以提高人体的能量水平，它富含碳水化合物、蛋白质、维生素 K、叶酸、核黄素、维生素 A、维生素 B_6 和维生素 C，除此之外还是锰、铁、铜、钙、镁、钾和磷的良好来源，这是维持身体适当矿物质平衡所必需的。

与小麦、黑麦、大米和燕麦等其他谷物相比，苋菜作为种子含有 30% 以上的蛋白质和全面的氨基酸。高蛋白浓度意味着身体可以将这些植物蛋白质分解成可利用的氨基酸，并转化成身体需要的蛋白质。

芹菜

芹菜和西芹属于一个家族，两者味道皆十分鲜美，但芹菜更小、更细、味道更浓。它不像西芹那样可以生吃，大部分时候我们会做汤或炒菜。它富含膳食纤维、植物营养素、维生素和矿物质，维生素 K 含量很高，维生素 C、维生素 A 和维生素 B 略少，含水量达 95%。

苦瓜

苦瓜长得一点也不漂亮，而且非常苦（正是因为这一点而得名），但作为一本普及中国超级食物的书籍，苦瓜必须被包括在内。别担心，我们为你创造了非常独特的食谱，还融合了西方风格，相信你可以尝试着感受苦瓜的独特魅力。

苦瓜是中国、印度等亚洲国家长期使用的一种蔬菜，其果实和种子都被用来制药。你可能听说过，在自然疗法中苦瓜被用来减轻糖尿病症状、缓解肠胃不适、降低高胆固醇和肥胖的影响，这些积极作用都可以成为我们克服苦味去好好烹饪它的动力源泉。

其实苦瓜在西方也很受欢迎，你可以买到苦瓜做的营养补充剂。不过，既然人们发现苦瓜这么好甚至下了大功夫将它制成营养素，为什么我们不直接去吃蔬菜本身呢？准备好了吗？现在是时候邀请这种超级食物重新走进你的生活中了。

冬瓜

冬瓜在中国很受欢迎，在东南亚国家和印度一些地区也被视为超级食物。它是一种巨大的瓜类蔬菜，可以长到1~2米长。冬瓜肉是白色的，烹饪后会变成半透明状，具有非常温和的甜味。它经过高温后会变软，加热时间再长一点就会变成糊状，所以，如果你喜欢吃软软的蔬菜，一定不要错过冬瓜。

除了在中国的各个市场和超市能轻易买到冬瓜，它在印度的知名度也很高，甚至可以在印度阿育吠陀文献中查询到它的营养和药用价值。

冬瓜富含多元化的营养，是维生素 B_1（硫胺素）、维生素 B_3（烟酸）和维生素 C 的绝佳来源。此外，它还拥有许多矿物质，如钙、钾。对于那些想减肥的人，当你知道冬瓜含有的皂苷能产生什么样的作用时，肯定立刻就想吃到它。皂苷具有阻断脂肪和控制血糖的功能，有助于预防和摆脱肥胖。

在传统中医中，冬瓜也是一种众所周知的天然利尿剂，这意味着它能帮助我们清除体内多余的水分（即讨厌的湿气）。

豆类和豆制品

绿豆

绿豆最初只在印度种植，起先没被当作食物，而是作为野生植物生长，这大概要追溯到 4500 年前。之后，人们发现它是一种具有营养价值的可食用豆子，慢慢传到了中国和东南亚国家，被用于饮食甚至是医疗。

绿豆富含的膳食纤维和植物蛋白质，这一点不用多说，正如人们期待的那样，大部分豆子都具有这一点特性。不过，它还含有一种神奇的令人感到饱腹的激素（被称为胆囊收缩素），这意味着吃绿豆会让你感觉更饱而且饱腹感更持久。这对许多人来说都意义重大，尤其是患有低血糖症的人，一定要多吃高纤维的全食物！这样你不仅可以控制你的体重，还可以促进胰腺、脾脏、消化系统和免疫系统的健康。

绿豆含有大量的维生素 C、叶酸、镁，它们有助于抑制或阻止低密度脂蛋白胆固醇（"坏"胆固醇）。到目前为止，你已经开始理解为什么我们喜欢中国超级食物，以及为什么更多的人需要知道如何用它们来改善身体状况了吧。

绿豆不仅是饮食中的超级食物，也是传统中医中的超级明星，因为它在夏天能够为身体降温解暑，对热性体质的人也具有同样好的效果。这是诸如中国南方和东南亚许多国家的居民能够舒服过夏天的天然秘诀。绿豆可以被制成汤、甜点、蛋糕、布丁、零食、豆泥，在西方甚至还被做成墨西哥卷饼和汉堡馅饼。

红豆 / 赤小豆

赤小豆已经在日本和中国饮食文化中出现多年，但其实它源于中国。这些美味的深红色豆子有着强烈的坚果香和甜味，在亚洲常被用于做甜点、汤、酱豆沙，以及包子、蛋糕、饼干的内馅。

在传统中医中，赤小豆被认为是一种温热的食物，有助于增强肾脏、膀胱和生殖功能，还可以促进血液循环和女性健康。

它富含高纤维，特别是水溶性纤维，可以很好地帮助我们控制血糖水平并降低低密度脂蛋白胆固醇（"坏"胆固醇）。当你炖一些赤小豆并和一碗全谷物饭搭配享用时，你就会自然得到一顿富含蛋白质和氨基酸的全食物营养盛宴。

赤小豆还是维生素 B 族的良好来源，包括维生素 B_1、B_2、B_3、B_6 和 B_9，这个强大的维生素家族能够支持人体的许多正常机能，包括能量的产生、脂肪和蛋白质的分解以及抵抗感染和疾病。

另外，它还富含矿物质，如钙、铁、镁和钾。钙是骨骼和牙齿的最主要矿物质，它参与正常的肌肉收缩（包括我们的心脏）；镁也参与骨矿化过程，还有蛋白质的形成、酶的工作、正常肌肉收缩和神经冲动的传递；铁是血液的关键营养，也在细胞代谢过程中被利用。综上所述，赤小豆当然算是中国传统的超级食物啦！

豆腐

豆腐是一种广受男女老少欢迎的食物，来源于无所不能的大豆。像许多豆制品一样，豆腐起源于中国。据说大约 2000 年前，一位中国厨师在制作豆浆的时候无意中添加了卤盐（一种从海水中提炼出来的盐），结果豆浆开始凝固变稠。这种卤盐是一种富含矿物质的凝结剂，可以帮助豆腐凝固并成型。

它在 14 世纪左右被正式命名为"豆腐"，到 20 世纪 60 年代，它在西方国家慢慢得到了普及。豆腐在美国的流行必须要感谢包含 Michio Kushi 先生在内的自然长寿饮食老师们，是他们向大众普及了大豆和豆制品的健康益处。记住，豆制品不仅指的是白色的硬度不一的豆腐块，还有用大豆做成的酱油、豆浆、腐乳、天贝、纳豆等各种相关的制品。

尽管我们身边充斥着太多关于大豆和雌激素的迷思，有的是真的，有的是假的，我仍旧相信每周摄取优质豆制品对身体必有益处，尤其是传统发酵型豆制品。在谈雌激素色变之前，请先做一些研究了解一下"植物雌激素"和大多数人担心的"雌激素"之间的差异，两种激素真的大不相同。

豆腐中含有益的异黄酮，这些异黄酮起着植物雌激素的作用，意味着它们可以附着于并激活体内的雌激素受体。异黄酮已被证明对女性月经周期和血液雌激素水平有积极影响，并有助于降低罹患乳腺癌的风险。对于男性来说，异黄酮可以预防前列腺肿大和更年期的相关症状，还可以减缓前列腺癌的发展。

全豆食物，就比如我们这一部分的主人公豆腐，可以提升有益心脏健康的几个因素，如改善血液胆固醇水平和胆汁酸的处置，从而可能进一步降低患心脏病的风险。

豆腐不含麸质，热量很低，富含蛋白质、铁和钙，你还可以在豆腐中找到 8 种必需的氨基酸和高水平的镁、铜、锌、维生素 B_1。

是时候再一次重拾这个传统的超级食物了，要记住优先选择含有较少的化学添加剂的豆制品，最好可以找到一个你信赖的自然有机品牌。

全谷物

糙米

在现代食品加工业将大米送去精炼加工前，它一度看起来和糙米一模一样。其实完整的白米就是糙米，只是现在市面上绝大部分的白米、谷物的外壳都被去掉了。

糙米与精制白米不同，保留了侧壳和麸皮。侧壳和麸皮为谷物提供"天然的完整性营养"，这里面蕴藏着蛋白质、硫胺素、钙、镁、钾和膳食纤维，丢弃了实在可惜。当糙米经过精制变成白米后，大量的维生素 B 族、一半的锰和磷、一大半的铁以及所有的膳食纤维和必需脂肪酸都会流失。

不要相信那些抱怨糙米味道不好或难以消化的人说的话。你应该这样做：

1. 你必须知道如何适当地浸泡和烹饪它。

2. 为了煮出软又香的糙米米饭，在烹饪糙米前最好能够浸泡 6~8 小时，最好能够使用高压锅。

3. 世界上有些地区在烹饪糙米饭时加一小撮海盐，以提高烹饪风味和矿物质含量，特别是在饮用水缺乏矿物质的情况下。例如，在中国，我经常在高压锅里加一点点盐。

4. 如果你还是觉得很难消化，先不要责怪糙米，不妨去看看你的肠道怎么样。全谷物就是全谷物，问题不在全谷物身上，不能消化的往往是脆弱懒惰的肠子。为什么肠子会出问题呢？这是由于我们的现代饮食中出现了过多的精制糖、乳制品和酸性食物，膳食纤维摄取严重不足，生活中也面临着过大的压力。

糙米比精制白米更健康，这不是说说而已，而是因为它所含的实实在在的矿物质和维生素在精制白米中是找不到的。

糙米含有丰富的抗氧化剂，可以增强身体面对氧化侵害时的自我保护机制，其中有一种抗氧化剂叫作超氧化物歧化酶，能够保护细胞在产生能量的过程中免受氧化损伤。

综合以上所有的营养价值，糙米天然具有强大的抗炎消炎能力，能帮助我们预防及治疗很多疾病。而且糙米是一种缓慢释放碳水化合物的主食，它可以平衡血糖水平，使你一整天的能量保持平稳而不是大起大落。

现在有很多人谈碳水化合物色变，认为会发胖。但事实相反，那些没有吃足够优质的全谷物的人实际上是在损害他们的身体和新陈代谢。近年来流行的"无碳水化合物"饮食就是一个很好的例子，当人们因为被误导而相信不吃主食挨饿可以健康，很多健康灾难就慢慢发生了。谷物中没有"脂肪"，你只是吃了太多的精制白米（很容易转化成糖），又坐在一个地方长时间不动，两个因素加在一起就导致了体重增加。但是，通过每天吃适量的全谷类，如糙米（和全谷物章节中提到的其他食材），你完全可以通过给予身体膳食纤维和足够滋养的高密度营养"燃料"来健康减肥，另外你的血糖也会更稳定。从能量的角度来说，糙米是能量最中立、最平衡的一种食材。

黑米

黑米在亚洲地区已有数千年的历史，自古以来它的健康价值就被广为传颂，以益肾、益胃、益肝而著称，自然平衡饮食的食疗方法中常常有黑米的参与。黑米有普通黑米和偏黏的黑糯米两种，在食谱中我们用到的都是普通黑米，更易于烹饪和消化。

现如今，黑米在美国、澳大利亚和欧洲的健康食品商店大受欢迎，因为人们发现了全谷物黑米所带来的众多健康益处。看吧，越来越多美味可口的中国超级食物走向世界了！

黑米在谷物中具有最丰富的能够抵抗疾病的抗氧化剂，它还富有膳食纤维、抗炎特性，并有助于阻止糖尿病、癌症、心脏病和肥胖的进一步发展。它蕴含了大量的矿物质包括铁和铜，也是植物蛋白质的良好来源。

它还含有超高的维生素 E，这是一种重要的脂溶性抗氧化维生素，有助于维持细胞膜、红细胞的完整性，保护维生素 A 和脂肪酸不被氧化。

荞麦

荞麦也是一种十分古老的谷物，传统上是在较冷的气候和地区食用，如俄罗斯、北欧以及亚洲北部如中国，当然中国东南地区和喜马拉雅山脉地区也有荞麦。这是一种从自然平衡饮食所关注的能量角度上来讲非常"阳"的谷物，能量向内收缩且充满活力，从谷物的形状和韧性就可以看出。它还是一种令人感到温暖的谷物，如果你需要温暖的能量，荞麦可以帮到你。

荞麦是一种属于类似大黄科的植物，我们吃的谷物颗粒实际上是荞麦植物的果实种子。荞麦主要在中国、俄罗斯和乌克兰广泛种植，另外，在日本用荞麦制成的荞麦面也备受欢迎，人们将这种坚硬的谷物变成了各式各样美味的食物。

荞麦的营养价值很高，主要富含膳食纤维和蛋白质，比大多数人现在每天吃的精制白米饭、白面条和白面包更适合你。你可以直接买到整粒的荞麦谷物，也可以买到荞麦面粉或荞麦面条。在西方，越来越多的人也用它来做健康的全谷物面包、蛋糕和薄煎饼，是不是很想尝尝看呢？

荞麦谷物有三面，呈现金字塔形或立体三角形，颜色为浅浅的棕色，带有厚厚的外壳。剥去外壳，里面的荞麦仁是乳白色的并有坚果的香气，煮熟的速度很快。我们既喜欢用传统亚洲方式烹饪它，也喜欢将它做成咸味的意式风味"烩饭"。

小米

小米是一种很小的谷粒，圆圆的很可爱，不仅有黄色的，你还可以在印度和亚洲其他一些国家找到白色、灰色或红色的小米品种。早在1万年前，小米的种植就开始了，那时它比稻子更受欢迎，这一点在中国和韩国都有相关研究可以证明。

小米极强的抗旱性可能是它在古代流行的原因，公元前5000年小米被传到欧洲。现如今，小米不只是亚洲的重要作物，在俄罗斯也被认为是传统食物，非洲一些国家也是如此。

小米实际上是一颗颗种子，富含维生素和矿物质，米油丰富，口感软糯。它的烹饪方法非常简单，而且十分百搭，在谷物菜肴、沙拉、蛋糕、布丁、粥中出现都不奇怪，你也可以把它添加到任何你需要一些优质淀粉的地方。作为一种高能量食物，它还含有丰富的蛋白质和膳食纤维，也是所有谷物中钙含量最高的一种。我们需要钙来完成肌肉收缩工作，防止血液凝结，改善神经冲动。

小米是一种很好的抗氧化剂来源，能够帮助身体对抗自由基和毒素侵害。抗氧化剂可以起到抗衰老的作用，降低罹患不同疾病的风险，杀灭细菌和真菌，帮助我们保持内外年轻。

和许多谷物不同，烹饪小米前你不需要提前将其浸泡，它很容易被煮熟煮烂。大部分人会喝原味小米粥，但你也可以做成咸味的，或是在煮粥的最后加一点一点豆浆或果干做成甜甜的如奶油一般顺滑的小米甜粥，随你喜欢。

薏苡仁

薏苡仁在英文中有很多种写法，比如 Chinese barley 或是 Jobs tears，还有 Coix seeds，但其实说的都是薏苡仁这一种食材。它是地地道道的中国超级食物，相信也是在中国种植历史最悠久的作物之一了。

完整的薏苡仁是一种阔叶的、有分支的植物，原生于中国、印度、巴基斯坦、斯里兰卡和马来西亚。它自古以来都被认为是一种富有营养的健康食物，虽然每个人都知道它，也能在众多谷物中认出它，但说实话如果真的有具体数字说明现在到底还有多少人在认真烹饪和食用薏苡仁，这个数字应该会令人感到惊讶。

在欧洲，它被称为"生命和健康的作物"；在日本，它被称为"hato mugi"，经常在汤、炖菜甚至是甜点中食用。在自然平衡饮食中，它是我们的超级明星食物，我们用它来消融体内多余的脂肪、胆固醇和日积月累的毒素。

在传统中医中，薏苡仁植物的根和种籽可以入药用于治疗疾病，如花粉热、高胆固醇、癌症、疣体、关节炎、过敏、肥胖、炎症和呼吸道感染。它还有一个人尽皆知的功能，就是祛湿排毒，毕竟湿气过重对于我们的脾胃是不小的负担。每每提到身体湿气这个话题，我总是会形象地把它解释成一个发了霉的橱柜，潮湿的环境会让细菌快速繁殖，换言之，潮湿的身体也容易让我们昏昏欲睡，感到疲劳和形成脑雾。我们的脾胃应该是平衡的，可以自如运转。薏苡仁能够改善全身的水循环，因此当你在经历腹胀和水肿（体内过多水分）时，千万别忽略这个超级食物的存在。

祛湿的功效让薏苡仁也常用于关节炎和风湿病的治疗配方中，因为这些疾病常与过多的水分有关。它能增强肾脏功能、清热排尿，在传统中医中，大夫会熬成排毒饮给病人服用以治疗皮肤、肺和脾脏疾病。

先生们女士们，注意啦，我们刚刚提到传统中医认为薏苡仁能够强化脾脏功能，这一点很重要，因为脾脏功能与皮肤健康密切相关。皮肤疾病如痤疮、湿疹和红斑痤疮都是一种显示身体有热毒堆积的迹象，而薏苡仁偏寒性，可以让身体降温，缓解炎症，排除多余的水分和脓液。而皮肤干燥又是体液代谢不良的表现，体液由脾脏控制和调节，所以说经常食用薏苡仁可以增强你的"脾气"（脾的能量与精气），既不会让身体太湿，又不会让身体太干，合理利用你摄入的一切水分，从内到外有效地滋润皮肤！

把薏苡仁制成茶饮、粥或汤来享用吧，你会爱上它的。在这本书中，我也分享了我最喜欢的创意薏苡仁汤，结合了西式经典香料百里香，非常美味！

海藻蔬菜

裙带菜

裙带菜，在英文中叫作 wakame，有时也被称为 winged kelp，是一种带棕色波浪结构的可食用海藻，属大型海藻。它在日本、韩国和中国烹饪中被广泛使用，也是自然平衡饮食中重要的组成要素，口感微咸也带有一点甜味，具有清热的性能。

裙带菜在东方医学或传统中医药中用于进行血液排毒、帮助消化、促进生殖健康，并且已被发现可以使肿瘤变小和缓解甲状腺肿大的症状。另外，它还有抗衰老功效，对皮肤与毛发护理有益。

在大部分健康食品商店和日本超市中都能找到裙带菜，它们往往被制成干燥的、墨绿色的片状形态被出售，买回家后一旦浸泡在水中，就会自然膨胀几倍，可以加入汤、沙拉中，当然也可以炒菜时使用。

裙带菜是超级食物，富含维生素和矿物质，包括锰、钠、镁、钙、叶酸、维生素 A、维生素 C、维生素 E、维生素 K 和维生素 B 族。不过，需要提醒大家的是，裙带菜来自海洋，自带钠成分，因此一次不宜吃得太多，适量就好。

它还含有维生素 D，这种维生素可以促进钙的吸收，对骨骼健康、神经系统、肌肉组织和免疫系统非常有利。我们每个人都需要晒晒太阳和通过食物获取维生素 D，在高楼林立的城市中尤为必要。

羊栖菜

另一种海藻超级食物是羊栖菜，hijiki 是它的日文名字，在日本、韩国和过去的中国常常被使用。（现在中国人尤其是中国的年轻人倒是很少有人知道它）它通体颜色较深，呈现黑褐色，有点像茶叶，在烹饪前也需要提前浸泡。

羊栖菜的膳食纤维含量很高，含有大量必要维生素和矿物质，包括维生素 K、铁、钙、碘和镁。如今，大多数人的生活节奏快、压力大，需要镁来帮助放松思想、身体和神经系统。由于羊栖菜的热量低而膳食纤维高，所以它有助于控制胆固醇，平衡胰岛素和葡萄糖水平。如果你需要铁但有意识地减少肉制品的摄入量，这个海藻蔬菜就是你饮食中不可多得的替代品，适当的铁含量在你的体内能为你增加红细胞数量，为全身各器官供氧，提高整体的能量水平。一些研究发现羊栖菜的铁含量是鸡肝的 4~5 倍，这真是不可思议！

羊栖菜的钙含量也比牛奶高很多，记住吃是一方面，但吸收是更重要的一环，也是身体利用营养的基础，所以"吃祖母那个年代常吃的东西"这一观点在今天仍然成立，甚至更加有效。包括中国在内的亚洲的祖辈们肯定不像今天的年轻人那样喝很多牛奶，但他们的骨头却很结实。究其原因，就是因为他们吃很多包含羊栖菜在内的海藻蔬菜、芝麻和各种绿叶蔬菜，因为这类食物本身就含有大量的钙。

只要好好记住并使用这本书中提到的所有超级食品，还有未能收录在书中的其他的好食材，你的健康水平绝对不会差到哪里去。当然在吃这件事上从来不是"越多越好"，一切都要适度。

烹饪羊栖菜时我更喜欢用传统的方式，如海带沙拉、加豆子一起煮汤，而且它和豆腐还有豆子一起加酱油做成红烧口味的菜也非常美味。这种海藻蔬菜的烹饪很容易上手，并且口感弹牙，对厨房新手来说是不错的选择。

莓果、坚果、种籽与水果

芝麻（黑芝麻与白芝麻）

芝麻是世界上最古老的油料作物之一，已被广泛种植了 3500 多年，在非洲、印度和中国都能找到本土芝麻种植和使用的证据。

我特别喜欢它们炒过之后释放的丰富、微妙的坚果味，口感也是又香又脆。但告诉你们一个秘密，其实我以前非常非常讨厌芝麻，12 年前当我第一次打开一罐芝麻酱时，我简直受不了它的"怪"味道，眉头都皱起来了。但是，在逐渐了解到芝麻籽、芝麻酱、芝麻糊、芝麻油的健康益处和广泛用途后，我慢慢就变成了它的铁杆粉丝。

在自然平衡饮食中，我们独爱芝麻的钙含量，加之它是非常棒的调味品和配菜（你可以在本书第四章食谱部分的末尾查看"芝麻盐"的做法，并开始在厨房里进行实践）。我喜欢把芝麻撒在燕麦粥、小米南瓜粥、沙拉和糙米饭上，大多数时候简简单单的食物就是最好吃的。

从营养角度来讲，芝麻可以提高我们需要的好脂肪、好油脂、单不饱和脂肪酸、油酸。油酸有助于降低血液中的低密度脂蛋白胆固醇（"坏"胆固醇），增加高密度脂蛋白胆固醇（"好"胆固醇）；单不饱和脂肪酸可以帮助我们保持健康的血脂平衡，从而预防冠状动脉疾病和中风的发生。另外，芝麻还富含维生素、矿物质、抗氧化剂等多种营养素。相信吗？这么多优秀的营养成分都浓缩在这一粒小小的种籽里，它绝对是名副其实的中国超级食物。

如果你好奇植物性饮食到底是怎么慢慢被普及的，并且仍然怀疑吃植物性食物的人群到底从哪里能获得蛋白质，答案就在这里：除了豆类、蔬菜、海藻蔬菜等，我还建议你把芝麻加入饮食计划中，只需撒一些在沙拉、糙米和各种菜肴上，补充氨基酸和膳食蛋白就是这么简单。

南瓜籽

到目前为止，南瓜籽还是我最喜欢的种籽，我常常抓一把放在锅里干炒，炒香后保存在密封的玻璃罐中，放在我们的厨房柜台上。每当我做沙拉、粥、汤、炖菜和甜点时，都会撒一些进去，出门旅行或出差也会随身携带当作零食。南瓜籽的味道很棒，除坚果本身的香味以外，还带有淡淡的甜味和黄油香气。

南瓜籽原产于墨西哥，在当地被称为 pepitas，其字面意思就是"南瓜的小籽"。在欧洲，南瓜籽油被用在食物和护肤上已有几个世纪的历史了，它蕴含真正优质的 Omega 3 脂肪酸，这是我们非常需要的优质脂肪。

南瓜籽的卡路里含量很高，但我不喜欢计算也从不去计算，主要是因为卡路里并不是衡量健康与否和营养质量的最佳标准。总之，我每次只吃1 汤匙，适量即可。

南瓜籽富含膳食纤维、维生素、矿物质和许多促进健康的抗氧化剂，还有优质蛋白质、氨基酸、色氨酸和谷氨酸盐。说到这里，有一个很好的营养小众知识和大家分享，色氨酸在体内可以转化为血清素和烟酸，血清素是一种有益健康的神经化学物质，在天然的助眠药中常常可以找到这个成分。单单这一点就是一个很好的理由称南瓜籽为超级食物了，现在有多少人被失眠困扰着呀。

南瓜籽还是抗氧化维生素 E 的优质来源，这是一种强大的脂溶性抗氧化剂，还可以减少皮肤发红、妊娠纹、肥胖纹和疤痕。所以女性朋友们，如果你总在关心或担心自己的皮肤状态，不妨考虑内服外用相结合进行皮肤护理工作，而不仅仅是使用昂贵高级的面霜或精华油。

南瓜籽因含有叶绿素而具有碱性和抗炎作用，叶绿素广泛存在于绿颜色的食物中，能够自然地净化身体，防止由于摄入过多酸性食物或其他不健康的生活方式而引起身体炎症。这种碱性的种籽还可以防止草酸钙堆积形成肾结石，并预防骨质疏松，帮助骨骼保持健康状态。

最后再来聊聊锌，你可以从南瓜籽中轻易摄取到任何儿童或成人每日所需的锌剂量，这比吃下一整块牛排容易多了，也健康多了，毕竟牛排不易消化，里面还含有许多饱和脂肪等诸多对健康不利的因素。

现在你应该知道为什么它是我最喜欢的超级种籽了。在我们的食谱中有专门一个章节详细讲解如何用它做美食，敬请期待，好好在厨房中发挥创意吧！

葵花籽

人人都喜欢美丽向上的黄色向日葵，它的种籽是葵花籽，也是许多朋友割舍不下的健康零食，美味且营养丰富。葵花籽的热量其实不低（100 克瓜子就可以为我们提供大约 580 卡路里），但这是我们身体需要的优质的能量。此外，它还富含对身体有益的脂肪酸，帮助我们平衡低密度脂蛋白胆固醇（"坏"胆固醇）和高密度脂蛋白胆固醇（"好"胆固醇），这和我们的心脑血管健康息息相关。

和其他坚果与种籽一样，葵花籽是优质氨基酸如色氨酸的良好来源，它们是蛋白质的组成物质，对生长发育和氮平衡至关重要，我们的身体不能自主生产它，因此必须要从饮食中获得。家里有小朋友的读者尤其要关注哦（100克葵花籽可以提供约 21 克的蛋白质）！

与南瓜籽相似，葵花籽也有很高的抗氧化剂和维生素 E 含量。不仅如此，葵花籽还是维生素 B 族的最佳来源之一，这个维生素家族包括烟酸（维生素 B_3）、叶酸（维生素 B_9）、硫胺素（维生素 B_1）、吡哆醇（维生素 B_6）、泛酸（维生素 B_5）和核黄素（维生素 B_2）等，这些维生素帮助我们的身体从摄入的食物中获取或制造能量以及生成红细胞。顺便再提一句，吡哆醇（维生素 B_6）是缓解抑郁症所必需的营养物质，叶酸（维生素 B_9）则对孕婴人群至关重要。

除了维生素和氨基酸，葵花籽还有其他营养吗？当然有，许多人体必需的矿物质，如钙、铁、锰、锌、镁、硒和铜都集中在葵花籽中。铜可以帮助身体将氧气输送至红细胞，并在细胞中产生能量。

枸杞

枸杞是一种奇特的亮橙色或红色的浆果，在世界超级食物里可是超级巨星，原产于西藏境内的喜马拉雅山脉区域和蒙古地区。在亚洲许多国家，人们世世代代食用枸杞，保养身体，延年益寿。

枸杞是地球上营养密度最高的一种水果，中国超级食物的桂冠必定属于它。知道吗？枸杞其实属于茄科植物，不过因为茄科植物会消耗人体骨骼中的钙质，所以在自然平衡饮食中我们不建议吃太多这类食物，其他经典的茄科植物还包括茄子、番茄、辣椒、土豆和菠菜。当然，茄科植物还有许多健康益处是值得赞扬的，所以记住，适度就好。

传统中医认为枸杞具有不偏不倚的中性能量，因此被用来治疗多种疾病，如肝脏、免疫系统和身体循环疾病。

枸杞还有另一个人人都爱的功效，那就是抗衰老，这是女性最在乎的。它富含抗氧化剂、维生素 A、维生素 C、氨基酸、钾、铁和锌，没有脂肪却有大量的膳食纤维，对我们的结肠和消化系统非常重要。你可能还不敢相信，它拥有的蛋白质含量高得惊人，而且有 18 种氨基酸这么多元化。如此强大，有谁能够抗拒它呢？

维生素 C 的作用人人都知晓也常常挂在嘴边，那维生素 A 呢？这种营养物质对我们的皮肤和眼睛至关重要。此外，研究发现枸杞中竟然还有一种被称为"甜菜碱"的化合物，我们的肝脏可以利用它产生胆碱，胆碱再进一步帮助肝脏和肾脏排出体内的毒素和废物。

银杏

银杏是一种黄色的圆形坚果，在中国传统料理中常被用来炒蔬菜。它不仅是一种中国的古老植物，也被认为是地球上最古老的植物之一，据说可能有 1.5~2 亿年的生存和进化史。

作为一种中国超级食物，银杏以其珍贵营养和药用价值而闻名于世，并且银杏树在世界各地都受到保护。它嚼上去带着微苦微涩的口感，大部分人要么很爱吃，要么就很讨厌。除用于日常烹饪外，它的种籽与树叶提取物还被广泛添加在营养补充剂中，在东西方均是如此。

从营养角度来讲，银杏含有丰富的维生素 B 族，矿物质价值更是不可小觑，如铜、锰、钾、钙、铁、镁、锌和硒等统统囊括在内，这些营养物质对人体新陈代谢、红细胞、结缔组织和减少骨骼血液凝结都十分有益。

沙棘

我第一次听说沙棘大约是在 10 年前，当时我正在读从澳大利亚买的全天然面部保湿霜上的成分标签。上面写的是各种天然原料，如各类草药、鲜花提取物、玫瑰果油还有"沙棘"。看到这两个陌生的字眼我很好奇，便立刻上网进行查询，查到的信息令我惊喜万分，印象深刻！如果你认为枸杞的维生素 C 含量惊人，先别着急下定论，等你了解更多关于沙棘的信息后再说。

沙棘是一种非常顽强而富有生命力的植物，能在中国北方和俄罗斯这样的严寒地区生存下来。现在，它被广泛种植在中国的适宜地区，但大部分沙棘浓缩物、茶和油被出口到国外制成天然护肤品、保健食品或用于其他商业用途。也就是说，它是一个潜力尚未被完全开发的地道中国超级食品，我想让更多的人认识并使用它。

它最初来自喜马拉雅山脉，但已在中国被种植和用于治疗身体疾病长达几个世纪之久。它是一种药用植物，被添加在草药中用来刺激消化系统，强化心脏和肝脏器官，治疗皮肤疾病。

沙棘不仅对人类的身体健康有利，对地球环境也起着相当重要的作用。它有助于抵御土壤被侵蚀，在世界各地被逐渐广泛种植，以便为我们提供新鲜的氧气和保持土地完整性，在平衡生态系统和促进环境可持续发展中担任着不可或缺的角色。

这个超级食物以其超强的抗氧化、抗炎、抗菌和促进再生的功能而闻名。

它富含维生素 A 和维生素 E，具有延缓衰老、减少皮肤皱纹的功效。维生素 A 本身就是一种强大的抗氧化维生素，能够保护黏膜，增加皮肤弹性；而维生素 E 则是一种脂溶性抗氧化维生素，有助于维持细胞膜和红细胞的完整性，并保护维生素 A 和脂肪酸免受氧化破坏。我曾拿一小瓶沙棘原浆浓缩液涂在我的皮肤上，第二天皮肤的光泽确实会改善，难怪那些全天然的护肤产品都争相把沙棘精华通过科技手段导入到产品中。

这种超好的浆果含有很高的欧米伽脂肪酸，包括 Omega-3、Omega-6、Omega-9 和十分少见的 Omega-7，Omega-7 具有超强的抗炎消炎作用。

还没说完，沙棘是维生素 C 之王，这又是一种有效的抗氧化维生素，可以改善身体的免疫系统。我个人就有实战经验，当朋友、员工和学生感冒时我会让他们喝一小杯沙棘原浆浓缩液，从感冒中康复的效率的确会加快很多，并一次又一次地被印证。

当我还在上海经营着一家健康食品店时，我经常建议人们试试看沙棘汁或原浆浓缩液以改善健康状况，增强免疫系统。事实上，它的确是我们货架上客户满意度最高的产品之一！茶包当然可以，但原浆浓缩液是我个人最爱的，也常常在沙拉酱汁和排毒饮中使用。别着急，在本书第四章食谱部分中你就可以读到，希望你们喜欢。

香草与香料

香草与香料这个话题一本书肯定讲不完，我们没有专门设置一个章节去详细阐述。在这里，我们会为大家解释为什么香草和香料在东西方都被称为超级食物。

香草与香料在世界范围内被广泛进出口交易的历史非常悠久，早期还被当作货币使用。它们普遍香气四溢，既可以单独在烹饪中使用，又可以加工混合在一起，不少香草和香料还具有独特的药用价值。

香草和香料之所以能够成为超级食物，主要是因为它们具有如下性能与功效：

☆抗炎

☆抗细菌

☆抗氧化，即帮助减少细胞和身体的氧化伤害

☆治疗咳嗽、喉咙疼痛、关节炎

☆平衡及刺激新陈代谢

☆提炼精油

☆凝血及其他血液相关的功能（尤其是肉桂）

☆富含维生素和矿物质

☆促进消化（尤其是八角）

☆富含铁元素（尤其是八角）

☆预防蛀牙（尤其是丁香）

☆舒缓及温暖身体器官

☆净化血液、提升免疫力、对抗疾病

☆治疗腹泻、肠胃过敏、呕吐（尤其是丁香）

既然香草和香料具有这么广泛和重要的健康益处，我们为什么不去好好地使用它们呢？我个人尤其喜爱以下五种香料，强烈建议大家从小剂量开始尝试使用，慢慢找到自己的最爱：

☆丁香 ☆肉桂

☆四川花椒 ☆八角

☆孜然

中餐常常使用孜然来烹调羊肉，而对于植物性饮食来说，重口味的孜然十分适合与黑豆、烤蔬菜等浓郁的冬季美食搭配。肉桂则常常出现在肉汤和猪肉菜肴里，而我们则发现它与苹果派、果酱、茶饮、甜点相得益彰。相信不少朋友会发现这本书里大部分都是咸味的菜肴，爱甜食的朋友别着急，我正在创作一本专门教大家制作健康甜品的书籍，期待与你们见面！

如果你对西式香草和香料也感兴趣，不妨从以下几种入手。

- 牛至叶 - 罗勒 - 迷迭香 - 鼠尾草 - 百里香

不管是中式还是西式，香草和香料的奥秘就在于练习。只有亲自烹饪才能发现自己的喜好，一开始可能心里没底，但多试几次你就会抓住要点，最终你会非常自信地将香草和香料运用在日常烹饪中。这也是一个非常好的训练自己鼻子与味蕾的方法！

第二章

中国传统医学与自然平衡饮食原则

Chapter Two

在探讨中国超级食物这个话题时，有一点至关重要，那便是与大家分享传统中医的基础哲学和古老智慧，以及在现今社会中被称为自然平衡饮食的中医发展应用。从 2008 年起，中医与自然平衡饮食就一路引导我不断学习、研究、烹饪、教学和指导他人。"超级食物"这个新鲜词汇对我个人而言指的就是优质的、传统的、高营养密度的食物。我们在何时为了达到什么目的而如何使用它们，这些简单的问题背后其实是人类数千年来耕种栽培，与自然和谐相处，繁衍生息演变进化的缩影。过去，我们吃的东西都是天地赐予的，顺应节气的变化和地域的限制。

在下个章节中，我将分享我在健康这个领域上的所学所授，不仅仅是我们可以吃的超级食物，更多的是超级营养饮食原则。

在正式开始前，我想告诉大家的是，我们每个人都具备两种与身体相关的状态，一种是生来就带有生物独特性的身体构成，另一种是后天逐渐形成的身体健康现状。我们应该吃什么以及怎么吃取决于这两种状态，即基因和生活方式。

阴与阳

阴阳原则在传统中医和自然平衡饮食中是个永恒的真理，万事万物都处于一种平衡状态，一旦失去了平衡，就要用阴与阳相互协调以找回平衡。我们无法脱离阴阳平衡生活，这一点同样适用在包含绿叶蔬菜、水果、根茎蔬菜、香草、香料的食物和生活本身，所有的一切都是阴阳的产物。懂得基本的阴阳饮食原则对烹饪有极大的指导意义，因为是它让食物从简单的吃喝变成具备疗愈、调理神奇效果的饮食。我们都有过吃得太多或者生活得太极端的经历，这时如果借用好的食物，不仅能够纠正我们失衡的健康还可以带来巨大的味觉享受。超级食物如果也在其中帮忙当然就更棒了，不过要记得所有的食物在某种程度上都可以帮我们找回平衡状态。

正是因为"平衡"二字常在心中，才会出现特定食材在烹调时被搭配在一起的习惯，比如芹菜或香菜与肉和鱼一起吃能够帮助消化，因为绿色的点缀性食物属阴性，而肉属阳性。又比如柠檬或白萝卜常在西方或日本的海鲜菜肴中出现，这是因为柠檬和白萝卜可以帮助消融油脂，促进消化，尤其是在天妇罗等油炸食物中必定会出现如此搭配。

食物搭配不是随便进行而是遵循一定法则的，阴阳平衡原则就是一个非常好的理解方法。从阴阳这个角度学习和应用中国传统食物，相信你们能够更好地体会与感恩食物在我们的身体健康的各个层次上的强大能量。我知道，这个概念对很多人而言是前所未闻的，但先别着急怀疑或拒绝，请保持一个开放的心态试着去了解，文中出现的任何信息很可能都会对你有所帮助。

在传统中医中，阴阳的概念范围非常广泛，但在形容食物特性，如热、凉、湿与身体各器官的关系还有五行时相当具体。阴阳是自然平衡饮食出现的源头，但自然平衡饮食在发展中又出现了些许不同，它极大地简化了阴阳的概念，阴为外扩、阳为内收。这两股看似简单的能量却被运用在万事万物中，当然食物是重要的一部分。请牢记，没有任何事物是单纯阴性或全然阳性的，我们所说的属阴属阳均是相对而言。例如，相对于蔬菜来说全谷物更偏阳性，换个角度来说，相对于全谷物来说蔬菜更显阴性。一粒谷物非常紧实、小巧却能量内收，大体而言蔬菜向外生长，能量更为外扩，因此属性更偏阴。

我知道这和你想的阴阳不太一样，但请先别着急拒绝，保持一个开放的心态试着去接受。如果你对这个话题特别感兴趣，我也强烈建议你系统学习一下自然平衡饮食。

把豆子和海藻放在一起做比较，也会有阴阳之分。与海藻相比，豆子更趋于阳性，更偏咸味，能量也更加聚合。而与水果、油脂、种籽和坚果一起比较时，豆子又更趋于阴性，能量更加外扩，更偏甜味，含有更多的油分。

在谷物家族里，把燕麦与小米和藜麦放在一起比较，燕麦更偏阴性，能量更外扩，体格也更大；小米和藜麦更偏阳性，更加小巧紧实，能量更内收。

再举个例子，把根茎蔬菜如胡萝卜、白萝卜与绿叶蔬菜做对比，前者往地下生长，因此能量更偏阳性，更强壮；而后者往天空生长，因此能量更偏阴性，更外放。

我们选择食物的目标应该放在寻求平衡上，以获得最佳的健康状况，让身体器官正常地运行，使得能量维持很好的平衡。

说了这么多，我知道对于你来说这是一种全新的看待食物的方法，食物能量也是个比较新颖、陌生的概念，但我内心油然而生的激动和憧憬实在溢于言表。我也希望在不久的将来，看到大家更加关注超级食物，不是因为其中的商业机遇，而是我们真的理解其中蕴藏的古老智慧，透过食物为我们的身心健康和能量带来积极改变。

应季而食

　　无论是从传统中医的角度来说还是从自然平衡饮食的观点来看，我们都应该有意识地以中庸之道来吃饭，也就是说吃得不偏不倚，绝不极端，在正确的时节平衡地吃适合的食物。反季节饮食不仅违背自然规律，扰乱整个生命圈的本原状态，还给人体的消化系统带来巨大的负担，同时还意味着强迫作物在不正确的季节生长成熟，所使用的杀虫剂等化学物质被吃进肚子里。这样的反季节实例可真不在少数。西瓜是夏季的产物，理应在夏天享用，而冬天吃具有解暑功效的西瓜，就等于让本应该在寒冷季节里被温暖呵护的胃和消化系统饱受寒凉之苦。我不会在这里大肆讨论反季节食物给自然环境与可持续发展带来的隐患，但食物里程（食物产地与消费地之间的距离）绝对是个重要且严肃的因素，仔细考虑一下你吃的食物到底从哪里来，还有你消费了多少漂洋过海的进口食物。如果更多人开始关注和实践应季而食、因地而食，减少食物里程和二氧化碳排放，我们的星球将会获益良多。

　　有很多人一年四季就吃那么几种食物，当然摄取的蔬菜种类也是相当有限。在这里，我鼓励大家先搞清楚每个季节市面上都有什么食材出现，然后放心大胆地去尝试，每周或者每个月都去体验一种新食物。放心吧，千万别担心一头雾水，因为在这本书里我准备了许多有意义的知识和食谱专供你参考。每每想到超级食物、健康烹饪、应季而食，有意识地思考食物能量也非常重要，比如想想它们是如何被种植的，如何搭配和烹饪以获得阴阳平衡，如何滋养身体提升健康水平和自身能量。

　　如果你处于寒冷的季节中，那么适合你吃的食物绝不是热带水果，它们并不生长在你所处的地域，既然没有就意味着不适合，所以也别想着依靠购买进口食品只为吃上一口。如果你生活在热带国家如新加坡或者泰国，那么一年四季都吃椰子和西瓜并不是问题，它们符合自然规律，也适合生活在那里的人的体质。以上两个例子都是从食物功能和食物能量角度来说的。

如今，许多我们习以为常的食物准则其实并不符合逻辑，放慢角度好好思考，当你恍然大悟意识到这样的现状，我们才可以真的慢慢开始通过正确的饮食来找回身体的平衡。而不是像现在许多陷入了怪圈的人一样，盲目地追逐所谓的最新趋势，不管不顾地随波逐流。

食物的能量

食物的生长方式决定了我们可以从中获取怎样的益处。如果你只是把食物当作填饱肚子的工具，很有可能你一年四季都为了偷懒和便利吃一样的食物，或者为了填补内在的口腹之欲随便吃，吃得极不平衡。

每次吃饭的时候，换个角度去看待你的盘中餐，看看你吃了什么类型的食物，它们含有什么营养、能量、纤维，相信你会有全然不同的改观。接下来我们一起来探讨一下食物的种类。

根茎类蔬菜

根茎类蔬菜是那些长在地下的蔬菜，它们埋得很深，非常朴实，外表坚硬，纤维丰富，富有韧性。烹饪和食用这类食材时，我们也用这些特性滋养了身体，不仅对我们的肠道健康有益，也利于我们建立这样的性格特点。对于瑜伽学生和练习者来说，脉轮的概念肯定不陌生，根茎类蔬菜滋养着我们较低的脉轮或能量中心。如果你不练瑜伽或者不了解脉轮，那也没关系，把自己想象成一棵树，你的腿、肠道等身体下部的器官就是坚实的基底，根茎类蔬菜滋养的就是这里，给予我们能量，保证我们每一步走得扎实不飘忽。

再举一个很好的例子，绿叶蔬菜和根茎蔬菜刚好是相反的，它们向上生长并且长得轻巧又纤细，这类食材给我们的是相反的能量，稍后会进行详细解释。两种能量我们都需要，但很多人在生活中缺少根茎类蔬菜，或者不知道应该如何在厨房里准备和烹饪它们。吃太多色拉和绿叶蔬菜的结果，从能量角度来说就是你可能变得太飘忽不定，不够沉稳，日积月累就会影响到日常生活和行为表现。

我们都知道摄取适量的根茎类蔬菜能够让人沉着冷静下来，放慢速度。毫不夸张地说，绝大多数根茎类蔬菜都是超级食物，从始至终都是！我们都需要多吃一点这种滋养的食物，别让它们彻底被遗忘在角落。

根茎类蔬菜包括牛蒡、山药、芜菁、防风根、白萝卜、胡萝卜、姜等。

球茎蔬菜

这类蔬菜生长在土壤的表面，也可能略低于或略高于地面。这类蔬菜主要包括洋葱、紫色卷心菜在内的各类卷心菜和南瓜、土豆、红薯及紫薯等。

这些蔬菜的味道中性，不过分强烈，因此十分适合做基底菜或主食，对我们的健康也有很好的激发作用。如果你可以回想得出卷心菜切开露出的漂亮的同心圆和结实的紧密度，这就是它的魅力所在，提供给我们紧密、结实、平衡的能量。红薯在传统中医中长期被视为有利于肾脏和长寿的营养食物。而在西方，营养学家认为红薯富含益生元，膳食纤维含量高、糖分低，升糖指数比土豆低。

十字花科蔬菜

我们要多吃十字花科蔬菜，如西兰花、花菜和这个家族中的各类蔬菜。西方营养学界普遍认可它们含有蔬菜中最高水平的益生元、大量的抗氧化剂、用于预防和治疗疾病的植物化合物。而从食物能量学方面来说，这类食材长得比较低，紧挨着土地，因此可以为我们提供一种很好的、平衡的能量。

叶片蔬菜 / 绿叶蔬菜

绿叶蔬菜是抗氧化剂、膳食纤维、叶绿素、肝脏解毒剂、蛋白质、维生素、矿物质、强碱性质等所有你想得到的和健康有关的词语综合体。绿叶蔬菜本身就是超级食物。从食物能量层面来说，我们建议春天和夏天多吃一些，因为它们能提供外放的、振奋的、明亮的、新鲜的能量。为什么是这些能量呢？想想看它们是如何生长的：破土而出，朝着太阳向上向外扩散和生长，这刚好是我们在春夏季节的感受。通过吃食物，你得到的不仅是食物营养本身，还有你此时此刻的感觉，这就是食物能量学的原理。

海藻蔬菜

柔软却坚韧、可塑性强、水分充足，难道我们不想拥有这样的状态吗？闭上你的眼睛，想想看如果你吃了这种超级食物，和吃一大块奶酪或牛排相比，你的感觉有什么不同？厚重的乳制品和肉类会让我们的身体觉得更沉重，一点也不舒服。无论从能量、烹饪还是营养中的哪一个方面来讲，这类食物都是我们的身体十分需要的，事实上也是大多数人都很缺乏的。请开始摄取海藻蔬菜吧，它能帮你净化身体，排出毒素！

水果

水果在自然平衡饮食以及传统中医中是一个有趣的食材种类，每种水果各具其独特的健康益处，但关键还是要根据当地性和当季性选择水果。

在温和的气候中生活的人适合吃苹果、梨、浆果等所有非常中性的水果，而在热带地区，你会发现那里普遍种植的是菠萝、西瓜、椰子、木瓜之类的水果。一般来说，热带水果的能量更"阴"，它们体积大并且含有大量的果汁，这有助于让你降温和放松下来。在上海居住的这些年，我注意到越来越多的人去水果店买水果吃，来对抗越来越大的压力和越来越快的生活节奏，压力和快节奏都具有阳性的能量，看，这就是聪明的身体在试图进行自我平衡。

阴阳平衡是一个非常令人着迷的理论，我将在未来的书籍和培训中涉及更多。

全谷物

在食物能量学中，谷物在大地和天空间生长，糙米和其他各种类型的米通常是能量最平衡和最集中的食物，这也是为什么谷物是几乎亚洲每个国家的主食，也是自然平衡饮食基础中的基础。除了整粒的谷物，全谷物产品如面条、面包、饼、包子等也是许多传统饮食文化中不可或缺的主食。

不吃全谷物是一个巨大的错误，而且我认为很多人都在一次又一次地犯这个错误。请学习一下糙米和精制白米之间的区别，全麦或全谷物面粉与精制白面粉之间的区别，相信我，全谷物为你提供的复杂碳水化合物对你绝对有好处，能够帮助你减肥、控制血糖、增加肠道中的膳食纤维含量。全谷物不含脂肪，也真的不会使你发胖。

减少精制白米和白面的摄入，我举双手双脚赞成这个做法，它们只是一种简单的碳水化合物。但试图将"碳水化合物"从日常饮食中完全分离，并将全谷物与精制谷物混为一谈，那就大错特错了。这么做极有可能让你忍受饥饿、感觉不满足、营养不良、能量失衡。

天然的食物就是超级食物

通过阅读这本书，你应该慢慢发觉超级食物并不是什么神秘的食物，它们就在我们身边，无处不在。事实上，"超级食物"也不是新潮的概念，在传统饮食文化中已经存在了很长时间了，只是现在的我们吃得越来越不够。另一种看待超级食物的观点是，天然的食物就是超级食物，没错，连一根黄瓜或玉米也可以是超级健康的食物，只要是真正天然的。

由于对食物和大自然的认知逐步下降，我们也失去了发现食物多样性的能力。我们无法仅仅依靠吃超级食物就获得想要的健康状态，真正要做的是吃大量的各式各样的天然食物，并确保质量优先。就质量而言，我指的也不是单纯的有机与否，更多的是你吃了多少种。一定要多吃全谷物和新鲜蔬菜，少吃冷冻食品或加工食品。

这些年来，我观察到现代人正在远离食物而且离得越来越远，甚至忘了食物是从哪里来的。这太可怕了，也很悲哀，我们失去了祖父母在烹饪和饮食方面积累的智慧与经验。此外，食物的本质也已经被抛在脑后。所以当你仔细阅读我们的食谱并试着在家里做饭时，请多想一步，好好欣赏和感谢摆在我们面前的真正的食物。在日常饮食中每次多添加一些更天然的全食物，这样的进步对今天就已足够。

在选择对个人健康有好处的食物时，我经常问我的客户和学生："你是如何理解和选择食物的？""你是否从以下角度进行选择？"

★颜色   ★习惯

★饥饿   ★社会影响

★情绪化饮食   ★整体环境 / 季节

与其直接告诉你们该去吃什么食物或应该如何烹饪它们，不如分享一些具有启发意义的知识。就像本书中提到的超级食物那样，所有的超级食物都应当是天然的、滋养的，而不是被以上任何一个因素而驱动。如果你能灵活运用食物平衡自己、治愈自己，那么有一天你就可以做到吃你此刻刚好需要的食物，一切都是刚刚好的状态。

关于天然食物我还有几点想说，因为我相信如果我们真的能做到吃越来越多的健康的超级食物，我们就能够重拾与大自然的联结并且和谐相处。这世界上历史最悠久的文明都是以谷物和蔬菜为基础的，而且无一例外都具有强烈的地方感、文化感、身份感和自然感。当今时代的人们与过去已相距甚远，我们现在吃的是标准化食品、快餐、加工食品和垃圾食品。你可以到世界上另一个完全不同的地方，但还是能吃到一模一样的食物，这真没什么好值得骄傲的，一点也不健康。

如果你对传统饮食和超级食物这类话题感兴趣，我鼓励你勇敢与更多人分享，并支持周围的人再次食用真正的天然食物，以帮助我们保护每种饮食文化中的超级食物不被破坏和遗忘。自20世纪初，食物被分解为热量、维生素、蛋白质、矿物质、碳水化合物和脂肪，我们正式偏离了正轨，食物与自然也逐渐分离。没有任何食物应该被孤立地看待，它们是新鲜的、有生命力的、完整的。

第二次世界大战（简称二战）后，现代慢性退化性疾病开始在世界各地蔓延，与此同时，食品精制加工的发展也正式开始。我们拥有了越来越多的方便食品，超级食物也慢慢从人们的视野中消失。然而，不能再等了，是时候把这些好的食物带回来了！这也正是我撰写《了不起的中国超级食物》这本书的动力之一，就是鼓励你们开始下厨烹饪。

所有的天然食物都是超级食物，尤其是完全未加工或只是自然加工的食物，如把燕麦制成燕麦片，把大豆制成豆腐或发酵成天贝、味噌、酱油。自然加工对我们有利，这让我们获取和享受它们时更加方便。如何有效地将天然食物和发酵食物带回到日常生活中？我把这个问题留给你，希望有一天你能和我分享。

总之，再回到平衡这个概念，我们需要努力实现平衡与和谐的生活状态。记住，吃身边极易获得并且一直存在的全谷物、海藻、根茎蔬菜、球茎蔬菜就是一个很好的开始。

根据体质决定如何吃饭

我认为，根据你的身体状况选择吃什么样的食物，这很重要；了解你自己的体质，然后再选择合适的食物，也很关键。目前，世界上存在各式各样的饮食理论，有的根据血型、体型、代谢类型来讨论，有的根据宏量营养比例、胃肠道健康、血糖指数来制定，这些理论都很好。但从传统中医的角度来看，我强烈建议你去找一个有经验的中医为你做一次体质评估。如果你能更好地了解你的体质、消化某些食物的能力、对食物的渴望、皮肤状况、经络通畅或阻塞情况、器官的强虚，那么你就已经在健康上面迈进一大步了。如果你知道自己有健康问题，比如消化不良，或者觉察到自己的皮肤、排便、睡眠发生了变化，那么让你恢复健康或者回到正轨的第一步就是了解你目前的状况。

我们身边有许多人生活在亚健康状态下。虽然我们也希望这是一本轻松有趣的日常超级食物食谱，但与大家分享食物能量和食物疗法实在太重要了，毕竟我们精心挑选的食材都具有十分强大的营养价值和健康功效。

如果你体质寒凉，那就多吃点赤小豆、红枣、生姜，少吃点西瓜、冰淇淋和对抗你身体内部状态的食物。

当我们忽视身体告诉我们的信息而一味地满足口腹之欲时（就像现在许多年轻人吃太多垃圾食品与精制糖），我们的身体器官将会负荷满满，消化系统和免疫力也被削弱，最终完全忘记我们的身体需要被新鲜的食物滋养，从而进入一个恶性循环。

如果你的体质是偏热性的，或是生活在湿热的气候中，那么你就应该学会用绿豆、芽苗、菊花茶、薄荷叶来平衡身体，避免吃太多的辣椒、香料、肉类，也尽可能不要使用油炸的烹饪方法。

如果你根本不信什么食物能量或者阴阳平衡，也没关系，你可以单纯地尝试这些食物，反正也没什么坏处。坚持一段时间后再去看看你的健康状况、能量水平、消化系统、皮肤和免疫系统有什么不同。

自然疗法、食物疗法、营养疗法已经在这个世界上存在几个世纪了，这一定是有原因的。别急着拒绝，先试试看嘛。这本书最主要的意图就在于引起人们对中国传统食物的关注，以及了解到享受功能性食物是多么棒的体验。

我希望看到越来越多的人跟着自己的内心和直觉去烹饪，而不是一味地使用食谱。不过我理解，许多人根本没有时间，也很久没吃过真正有营养的食物了。别着急，慢慢来，从最简单的开始，熟能生巧，你就会在厨房中获得自信！

我不能保证所有人都会这样，但我确实已经看到许多真实的客户健康咨询案例，他们经过一段时间的调整，竟然开始主动渴望超级健康的食物，这是多么惊人的改变。

　　对我个人和对传统中医理念而言，健康意味着很多事情，但最重要的是良好的消化、吸收和循环。你可以从品尝超级食物中得到这些，但不要以偏概全，认为所有天然的食物都是好的食物。试着了解你的身体，选择在适当的季节吃适合的东西，学习如何更好地烹饪，这所有的一切最终都会引导你走向健康。

第三章

烹饪方法
与技巧

Chapter Three

在第二章中，我们研究了食物是如何生长的，也学习了应季而食的重要性。通过理解这些基本却重要的原则，当然还有实用的烹饪方法，我们就可以从能量层面对健康产生积极影响。

每日摄取天然的中国超级食物，加上恰当的烹饪技术，就会收获平和的心情、顺利的消化和全面的健康。

烹饪是我们消化过程的一个延伸，因为虽然生食这个理念是好的，但有些食物还是需要合理地烹调，来提高人体所需的营养物质的生物利用度，尤其是植物营养素。我想请你试着把做菜这个动作看作是食物到营养的"转化之旅"，而不是维生素和营养素的"破坏和消亡过程"。用火做饭绝不是一件坏事，尤其是当你掌握怎么做的时候。

此外，一个人的健康状况和身体素质不仅取决于饮食的多样性、吃的是否健康，还需要烹饪得更好、更均衡、更完整，这才是真正能够滋养身心的平衡膳食。

烹饪的类型

在自然平衡饮食中，我们提倡好的烹饪。这里的好并不是指要像厨师或美食家那样做很酷很厉害的菜，而是用心制作营养丰富的、能为一个人及其家人带来能量和活力的食物，包括：

★为日常健康和活力而烹饪。

★为享受与庆祝而烹饪。

★为疗愈与康复而烹饪。

这三个方面代表的是，有些食物和菜肴是我们为顺利地过好日常生活而烹制的，有些则是我们为特殊的聚会或节日庆祝才偶尔吃的，还有一些是专门为疾病治疗与康复而特别准备的。每一种烹饪都令人着迷，值得写上几本书，但在这里只是稍微提及让大家有所了解，并延展对"烹饪"这个概念的认识。我们不能每天或每周都像过圣诞节或农历新年那样吃东西，但事实上确实有些人一年四季都在毫无节制地大吃大喝，这给他们的身体器官带来了巨大的负担。

此外，在主流健康领域，关于疾病治疗与康复的食物烹饪发展得还远远不够，也没被好好重视。我指的可不是喝排毒果汁之类的排毒方法，当然这是不错的净化身体的方式，但是对于身心健康而言，它还仅仅浮于表层不够深入，我们说的是通过自然平衡的饮食来深度汲取营养，从而全面地滋养身体。但我相信，会有越来越多的人开始关注，因为这就是了解自然平衡饮食、印度阿育吠陀和自然疗法中的超级食物及超级烹饪的美妙之处。

烹饪方法与技巧及其传递的能量

同样的蔬菜可以用多种方式烹饪，并对我们的身体和长远健康有不同的影响。例如，就胡萝卜这种食材而言，你可以生吃、蒸、煮、烘焙或烧烤。胡萝卜还是胡萝卜，但通过不同的烹饪方法，它带给你的能量和健康价值就会有所不同。这听起来好像很奇怪，但在这一章节，我想向你好好介绍一些方法，你不仅能在厨房中找到乐趣，还可以使身体获得健康。

和应季而食的道理一样，烹饪风格与技巧也应该是遵循季节而不断变化的。我们首先需要理解和肯定烹饪的方式是一个强大的工具，影响着我们的能量水平。无论是功能性食品还是超级食物，真正的健康都是从你厨房的炉灶中开始的！你的中国超级食物以及日常吃的所有东西，在不同的时间借由不同的烹饪技术，都可以发生翻天覆地的变化。

　　下面我们会分几点为大家一一详述。我们将从介绍生食和不开火的食物准备开始，接着慢慢增加热度和烹饪时间，你开始开火做饭了。这些烹饪方法没有好坏之分，它们只是不同的食物制作方法而已。在这一部分，我将更加倾向于关注它们所带来的能量效应，而不是西方营养学普遍在研究的营养价值。对于在健康营养与现代烹饪领域中，烹饪与能量的关系是否被给予了足够的关注，我真的不确定，但如果我们想讨论平衡，烹饪技巧绝对值得在厨房教室里被好好地教一教。

1. 生机饮食

　　生的新鲜的水果和蔬菜在夏天和温暖的月份都很好，它们对"热性"的体质与肠胃消化也很好。生机饮食的旋风在世界范围内一直刮得很强劲，它帮助人们从精制加工食品、垃圾食品、快餐中脱离出来，并转向更多的新鲜水果和蔬菜，因此必然会看到积极的健康改变。不过，生机饮食只是众多准备和享用中国超级食物的方法之一。

　　要享用生机饮食，你只需将生的水果、蔬菜、坚果、种子、嫩芽进行简单的清洗、削皮、切片、切丁、磨碎，削成螺旋形或随意切碎，并确保烹饪或加热温度不超过 40 摄氏度即可。记住 40 摄氏度这个标准，这个温度是生食烹饪中保持食物营养素活力的温度界限，超过这个温度，许多食物的营养价值就开始下降。

2. 腌菜 / 泡菜

这是一道简单的配菜，将优质的益生元、益生菌、膳食纤维引入我们的饮食生活中。白色卷心菜、紫色卷心菜、胡萝卜、黄瓜、娃娃菜、大白菜、白萝卜、樱桃萝卜等蔬菜都非常适合做腌菜或泡菜。

做法同样很简单，你只需添加一些优质的，最好是未经高温消毒的醋或海盐，然后在玻璃罐里泡上 2~7 天即可，时间长短取决于制作时正处于夏季还是冬季。

3. 发酵

发酵在概念上有些类似腌制，但通常需要的时间更长，并且会利用活性的细菌和酶使食物的形态发生改变。在这里，我讲的是一些传统优质的发酵食品，如酱油、腐乳、豆腐、味噌、纳豆、酒酿、红茶菌、酸面团面包、传统的馒头和发酵面包，所有这些食品都需要时间和耐心。真正的发酵食物现在都跑去哪里了？现代饮食文化中的确严重缺乏发酵食物。好在有些人意识到了这些问题并且正在努力做出改变，每每看到 "发酵食品"正在回归，再次变得流行时，我都发自内心地感到兴奋。

食物通过自然发酵后，可以借由有益菌群的帮助有效强化身体的消化系统，这是食物烹饪技巧中非常重要的一种，也是现代人迫切需要的。人们已经错过了它很久而且也看到了恶果，不然怎么会有这么多人年纪轻轻就面临着严重的消化、过敏和肠道虚弱问题呢？

我建议每个人都要多吃不同类型的发酵食物，可以是自己用蔬菜、豆类、谷物制成的，也可以是购买的各种健康牌子的。正如我们在英语中常说的那样："多样性是生活的调味品。"

4. 快炒

现在是时候增加难度开火做饭了。我们快速地加热食物，只需要中火快炒几分钟即可，这样同样可以保留蔬菜中的营养素不被破坏，也是你能够常常重新加热食物的烹饪技巧。

在传统中医和道教中提到的五行概念，在这里我们就用到了火。火被认为可以改变物质的形态，因此在锅里用火加热烹调在某种程度上是一种非常平衡的做法。

5. 翻炒

提高温度但同样将烹饪控制在较短的时间内，我们这里所说的就是中国传统烹饪常用的翻炒。通过这种方式，我们可以将温暖的能量透过食物带入身体中。

请大家一定记住，我们需要结合多元化的烹饪方式，小到每一顿饭、大到整个饮食方式。经常只用烤箱做菜，只吃生冷的食物或者只是将食物蒸熟都会影响我们的能量，进而左右我们的情绪和健康。所以，多样性是烹饪的关键，根据时节选择合适的烹饪方法是很有必要的。

6. 汆烫 / 焯水

这是一种从能量角度来说十分中性的烹饪方法，尤其适合蔬菜。方法很简单，你只需将水煮开并快速地将食物在水中烫熟，保持蔬菜的颜色、活力、大部分营养素、膳食纤维和清脆口感。如果要找一个更贴切的形容方法，就好像是给蔬菜洗个热水澡。汆烫熟的蔬菜可以与蘸酱和酱汁搭配食用。在身体排毒净化期间，可以更多地选择这种烹饪方法，既清淡又容易消化。

7. 蒸

蒸是亚洲菜中最有名的烹调方法之一，尤其在中国香港和中国内地许多南方地区常被用来制作蔬菜、肉类、海鲜、馒头和点心。从操作难度上来说，蒸是最简单的烹饪方法之一，而从能量角度而言，它也十分中性和平静。只需用一个蒸笼，或者取一个足够大的锅在里面放一个小架子和碗或盘子，你就可以蒸任何东西。我也喜欢用这种方法来加热食物，取代现代人所依赖的微波炉。我特别不建议你用微波炉处理任何食物，它会干扰能量，更不要说电磁波对我们健康的危害了。

8. 煮

许多人不喜欢吃蔬菜，我觉得不是蔬菜本身的问题，而是因为他们煮得太过了，蔬菜才会吃起来毫无口感而言。比如西兰花、菜豆或绿叶蔬菜，软绵绵的确实不好吃，所谓"一朝被蛇咬，十年怕井绳"，过去可怕的经历阻碍了这些人再去尝试烹饪蔬菜。然而，煮确实是最佳烹饪方式之一，不仅适用于蔬菜也适用于豆子和谷物，这样做出来的食物味道真的很鲜美。

在能量上，煮的能量可以很好地平衡生冷蔬菜的能量，比如你可以对比一下胡萝卜生吃、做成腌菜与蒸熟、煮熟尝起来有什么不同。希望你能够慢慢理解和掌握食物能量学的窍门，这样我们就知道自己需要什么样的能量，应该选择什么样的食材，使用什么样的烹饪方法，这方方面面都影响着我们的能量、健康和活力。

9. 炖 / 焖

炖或焖常用于制作炖菜、红烧、酱烧菜肴。提到炖菜你可能只会想到鸡肉、猪肉和牛肉，不过，你完全可以把同样的方法用在根茎蔬菜和淀粉类蔬菜上，无论是味道、口感还是能量，都有很好的效果。这种烹饪方式能产生温暖、平静的效果，并把酱汁的浓郁带入蔬菜、豆类和谷物中，吃起来十分过瘾。

我们坚信多吃中国超级食物对身体有益，但从来也不会忽略美味的重要性。只有这样，我们才能够在吸收优质脂肪、复杂碳水化合物、蛋白质等必要营养时感到发自内心的满足。许多人吃了太多清淡的生食或清蒸食物后往往开始渴望盐、油和糖分，对于这种情况，最好提高豆类和全谷类食物的摄取比例。

其实，许多健康饮食者并不是真正懂得如何滋养自己的身体，只是吃表面上看起来健康的食物而已，才会越吃越不健康。不过，通过多食用合理烹饪的蔬菜、豆类和全谷物，这些人的健康水平就会有所提高。

10.慢煮

这是一种更具能量的烹饪方式，需要更多的热度和烹调时间。我不是建议你去买一个慢煮锅或陶罐，但是了解这种烹饪方式很有必要，尤其对于那些能量不足、疲劳过度、消化功能有待加强的人是极好的。当然，普通人在寒冷的季节中也可以多吃慢煮的菜以获得更多的能量。

11.高压烹饪

我喜欢用高压锅煮豆子、糙米、黑米、野米，这些食材没有那么容易煮熟，但高压锅可以帮我缩短烹饪时间，增加豆子或谷物的柔软度，以便更好地消化它们。不过对于红扁豆或小米之类的食材就不必专门用高压锅来制作了，它们很好煮并且熟得很快。

想象一下高压锅中的能量——紧实的、收缩的、密集的、不断移动的，在寒冷的季节一定要多用高压锅，有助于让你温暖起来。如果你是一个厨房新手，请不要害怕使用高压锅，只要学会如何使用它并且多用几次，你就会感到顺手而且十分方便。毕竟我们都很忙，谁不愿意快速地做好一顿营养又美味的大餐呢？

12.烤 / 烘焙

现在，我们正式进入烹饪方法中更高温更干燥的等级。想象一下把胡萝卜放入烤箱，撒上美味的橄榄油、迷迭香等各式香草，又或者是烤一个漂亮的胡萝卜蛋糕或面包，口水不自觉地就要流下来了。从能量角度来说，烘焙算是最具阳性能量的烹饪方法了，我甚至会说有点过于"阳"了，毕竟现代人每天都是忙忙碌碌压力满满的，生活的环境已经很"阳"了。

记住，我们的肠道十分敏感，每一天吃的每顿饭都会对它造成影响，并且这种影响不会停止，只要活着，影响就会日积月累。我曾经为一个客人做过健康咨询，他说自己每天早上都吃松饼或椒盐饼，配上一杯咖啡，而且白天很容易感到紧张、焦虑和口渴。看似毫无头绪，可是一旦你能理解功能性食物和食物能量学，你就能轻易看出这其中的原因和影响，接着就可以通过改变饮食方式来缓解这种情况。对他来说，最应该做的是少吃烤出来的食物，尤其是在吃早餐的时候，这可是一大清早我们做的第一件对肠胃有影响的事。多吃点清蒸的、水分充足的、营养密度更高的食物对肠胃会更好。

事实上，我看到新加坡、泰国等许多热带地区国家出现了越来越多的烘焙食物，这里有一个问题：烘焙食物不仅会带给我们热的、密集的、收缩的、有压力的、干燥的能量，还会让精制面粉进入我们的身体，换句话说就是湿气。然而，这些国家终年都是炎热潮湿的，太多的烘焙食品并不是合适的选择。当我们观察现代饮食文化时可以意识到烤面包不是本地食物，相反，传统食物如大米、蒸煮的蔬菜、清淡新鲜沙拉、面条和汤可以说是热带和东南亚地区最适宜的食物。从今天做起，观察你所处的环境和气候，吃对你的身体最有益的食物，把烘焙留在冬天进行，试试看效果有什么不同吧。

13. 烧烤

我把它放在列表的最后，因为烧烤实际上并不需要很长的时间，但人们却总是过度烹饪食物，以便将烟熏味注入食物中，无论是鱼、肉还是土豆，都无一幸免被过度烧烤了。如果你生活在非常寒冷的地区，适量用合理的烧烤方式烹饪食物挺不错的，但如果你生活在东南亚如泰国这样的国家，每天或每周都吃烧烤菜就过于多了。

在我们谈论烹饪技巧时，我想再加一条关于用煤气还是用电做饭的解释。对于上面提到的任何一种烹饪风格，我都优先推荐使用天然气和明火作为能量来源，以供给你的身体、你的健康和你的神经系统，至少我自己能用明火就不会用电。你可以想象每天在厨房或办公室中使用电磁炉、电饭锅、热水壶、面包机等电器的感觉，这和从古至今都习惯于使用天然明火是完全不一样的，得到的能量也大不相同。请留意这一点，尽量减少带着"嗡嗡声"的电力通过你的食物和你的身体。

说了这么多超级食物的知识和超级烹饪的技巧，我想在真正进入美味的食谱章节前最后分享两个重要概念：放松饮食和咀嚼食物。

当你吃饭时，请尽量保持放松，并注意你吃饭时所处的环境。在马路上、火车上、地铁上、车上吃东西常常不自觉会让人感到有压力、急躁、愤怒、不安，这必定会影响你吃的食物和你的消化过程。你的消化系统会被干扰导致太过忙碌，甚至最后会关闭起来拒绝工作，也就是说你吃的食物没办法被好好地消化和吸收。

另一个关键点是好好地咀嚼食物，我们在自然平衡饮食与传统中医中一直倡导每吃一口饭最好用牙齿好好地咀嚼 20~60 次，直到食物变成液体再咽下去进入消化道。你可能很难相信，但事实上我们的身体就是这样被设计的。

好了，说了这么多，终于言归正传进入烹饪的环节。希望你会喜欢这些理论，有很多是令人大开眼界的新概念。对于那些对理论部分十分感兴趣想要进一步学习的朋友，恭喜你们，还有太多太多的内容值得我们去研究、探索和实践。一起加入我们，活到老学到老吧！

最后，请记住"食谱是死的但人是活的"。我们分享的食谱只能被作为一个参考，不要害怕对食谱提出自己的想法，请根据你自己的需求更改、编辑和调整它们，以创造出更多的美味。假如有一天你开了一家成功的健康餐厅并成功把一道菜带火了，要记得向我致谢哦！

来吧，加入我们，去创造厨房中无限的快乐与可能！

第四章

食谱

Chapter Four

附：量杯、汤匙、茶匙规格

1 量杯 (250 毫升)

1/2 量杯 (125 毫升)

1/3 量杯 (80 毫升)

1/4 量杯 (60 毫升)

1/8 量杯 (30 毫升)

1 汤匙（15 毫升)

1/2 汤匙 (7.5 毫升)

1 茶匙（5 毫升)

1/2 茶匙（2.5 毫升)

1/4 茶匙 (1.25 毫升)

根茎类蔬菜 | 莲藕

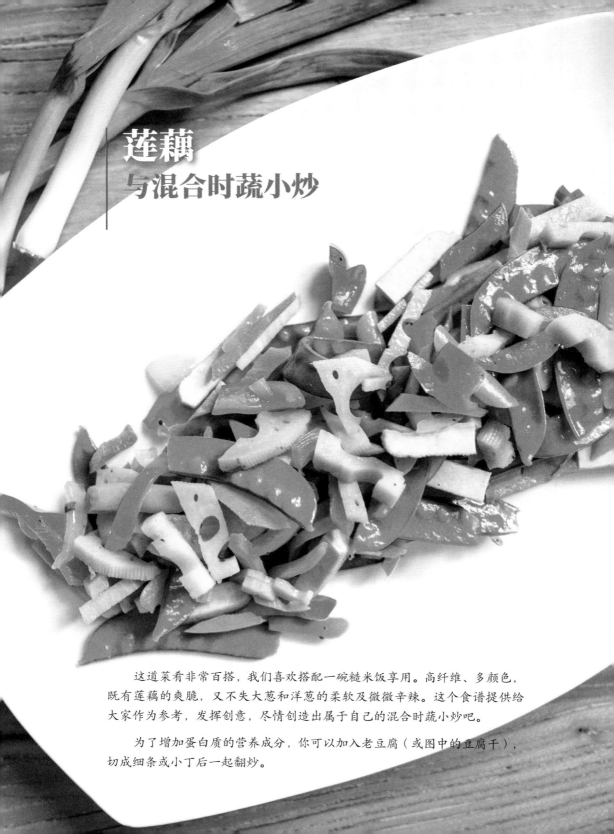

莲藕
与混合时蔬小炒

　　这道菜肴非常百搭，我们喜欢搭配一碗糙米饭享用。高纤维、多颜色，既有莲藕的爽脆，又不失大葱和洋葱的柔软及微微辛辣。这个食谱提供给大家作为参考，发挥创意，尽情创造出属于自己的混合时蔬小炒吧。

　　为了增加蛋白质的营养成分，你可以加入老豆腐（或图中的豆腐干），切成细条或小丁后一起翻炒。

食材

- 1/2 个白洋葱，去皮并切成细丝
- 2 片生姜（可选）
- 1/2 个莲藕，切成四分月形或切小丁
- 1 根中等大小的胡萝卜，切成火柴杆状
- 1/2 根大葱，切片
- 1 把荷兰豆，洗净并掐头去尾
- 1/2 个红彩椒，切成细条或与莲藕相近的形状和大小
- 5~6 块豆腐干，切成细条（可选）
- 1 汤匙葵花籽油 / 米糠油 / 葡萄籽油 / 黑芝麻油
- 1/2 汤匙酱油
- 1/2 量杯水（放在旁边备用，当炒菜锅太干的时候，加水比加更多的油更健康）
- 适量海盐与胡椒，用于调味
- 适量小葱，洗净并切成葱末

做法

1. 准备好并洗净所有食材。
2. 将所有蔬菜切成相近的大小。分别放入碗中待用（食材需分别放置，由于每种蔬菜的烹饪时间长短不一，因此放入锅内的先后顺序也有差别）。
3. 在一个中等大小的炒锅内加入油，放在中火上加热。
4. 加入生姜炒至金黄，接着加入洋葱。
5. 翻炒洋葱至香味出来呈现半透明状。
6. 加入莲藕翻炒 2 分钟。
7. 再加入大葱和胡萝卜，炒至大葱变软（如果需要可以往锅内洒一点水）。
8. 接着加入荷兰豆、红彩椒一起翻炒。
9. 最后加入芝麻油、酱油、盐和胡椒调味。
10. 关火出锅摆盘,可用葱末装饰。

莲藕
排毒饮

食材

- 1/2 个莲藕，洗净去皮并磨蓉（保留莲藕糊并将莲藕汁挤出单独放在一个碗中）
- 1 片生姜，切细丝或磨蓉并挤出姜汁部分
- 1 量杯水

做法

1. 准备好并洗净所有食材。
2. 在一个小汤锅中，放入从莲藕糊挤出的莲藕汁与水煮沸，转小火持续煮 1 分钟。
3. 加入生姜和莲藕渣。
4. 转至最小火炖 1 分钟。
5. 关火，倒入杯子中趁热享用。

这款排毒饮具有极好的止咳化痰功效，是传统自然平衡饮食食物疗愈食谱中的经典之作。在传统中医中，莲藕代表人体肺瓣，因此莲藕排毒饮是一款绝佳的护肺美味饮品。

半蒸半煮
蔬菜锅

　　这道菜肴口感轻盈却能量满溢，慢炖的蔬菜具有十足的轻体功效。半蒸半煮的烹饪方法很好地将蔬菜本身所带的天然甜味释放出来，就连洋葱的辛辣之味也被取出了，保留了天然的清甜。

　　我们喜欢将这道菜肴作为配菜享用，如果你最近想通过食物让身体排毒，那更是再合适不过了，蔬菜中富含的水分、纤维和100%天然美味绝对不会让你失望。

食材

- 1/2 个莲藕，洗净去皮并切成 2 毫米厚的藕片
- 1 根中等大小的胡萝卜，洗净去皮并切成厚一些的块状
- 1 棵卷心菜，洗净并切成约 2.5 厘米厚的块状
- 3 量杯南瓜，洗净去皮并切成约 7.5 厘米宽的厚块状
- 1 个白洋葱，去皮并切成约 1 厘米厚的片状
- 1/2 汤匙酱油，用于调味
- 1 片约 2.5 厘米长的昆布（一种海藻）
- 1/2 量杯水，放入平底深口锅中（最好配合使用透明玻璃盖子）
- 1/4 量杯小葱，洗净切成葱末，用于装饰

做法

1. 准备好并洗净所有食材。

2. 将所有蔬菜切成相近大小的片状或块状，你可以根据自己的口味喜好调整蔬菜的比例。

3. 在一口平底深口锅中放入水和昆布，小火炖煮 3~4 分钟。

4. 将切好的藕片依次平铺在锅的最底层，覆盖整个锅底平面，如果有重叠部分也没关系。

5. 就像制作意式千层面那样，第二层平铺胡萝卜，第三层平铺洋葱，第四层再次平铺胡萝卜，最上面一层平铺南瓜和卷心菜。

6. 如果水太少可以再加入一点水，开大火使水煮沸，接着转中小火炖煮直到卷心菜和南瓜变得软烂。

7. 过程中要时刻注意不要让水全部煮干以防最下层的藕片煳掉，水分过少时可以加水，但每次不要加入超过约 2.5 厘米高的水。

8. 小心揭开盖子，沿锅的外缘滴入酱油。

9. 再盖上盖子炖煮 30 秒使其入味，之后可以关火。

10. 出锅摆盘，可放入大的盘子或碗中，用葱末装饰。

紫薯和红薯

紫薯泥
配纯素黄芥末美乃滋酱

- 500 克小紫薯
- 5 量杯水
- 1/2 茶匙海盐

做法

1. 准备好并洗净紫薯。

2. 如果选用的是有机紫薯，最好保留紫薯皮，如果不是，可以选择去皮（紫薯皮不仅高纤维而且很美味）。

3. 在锅中加入水、盐和紫薯，煮到紫薯变得软烂绵密。

4. 滤掉水，将煮好的紫薯放入一个大的碗 / 搅拌碗中。

5. 用一个叉子或捣碎器将紫薯捣成绵密顺滑的紫薯泥，根据情况，如果太干可以加入一点水，如果味道太淡可以加入一点海盐。

6. 传统的土豆泥在制作过程中一定会加入牛奶 / 奶油和黄油，但我们的健康版本不需要任何这类乳制品材料，况且我们还有很棒的酱汁作为搭配呢！（如果制作紫薯泥的时候你感觉总是太干不够柔滑，可以加入一滴橄榄油作为补充）

纯素黄芥末美乃滋酱

食材

- 1 汤匙葛根粉和 6 汤匙水，在一个小锅中，低火一边加热一边搅拌直到形成厚厚的布丁 / 糊状质地

- 1 盒嫩豆腐，滤干水分

- 2 茶匙第戎芥末酱（法式黄芥末）

- 4 汤匙葡萄籽油 / 橄榄油

- 1 汤匙苹果醋

- 1/2 茶匙姜黄粉

- 3/4 茶匙海盐

做法

1. 将葛根粉和水一起制作成糊状，并自然晾凉。

2. 在一个搅拌机中搅拌所有食材直到完全融合形成顺滑的酱汁质地。

3. 倒在紫薯泥上一起搭配享用，也可以在三明治中或任何用到传统美乃滋的菜肴中使用。

4. 制作好的纯素黄芥末美乃滋酱可以放入干净的玻璃容器中，在冰箱冷藏 3~5 天。

紫薯甜挞

挞底食材

- 1/2 量杯粗略切碎的杏仁（或其他你喜欢的坚果）
- 1 个柠檬的柠檬屑
- 1 汤匙枫糖浆或其他健康液体甜味剂
- 5~6 粒中东椰枣，去核

挞底做法

1. 在一个小的搅拌机或食物料理机中将所有食材一起搅拌，直到形成面团的质地。
2. 将搅拌好的食材取出放入一个挞或蛋糕模具中，压平压实。

挞馅食材

- 1/2 杯煮熟的紫薯，滤干水并压成泥
- 1/3 量杯豆奶（或其他你喜欢的纯素奶）
- 1 汤匙葛根粉
- 2 汤匙枫糖浆
- 适量新鲜的蓝莓洗净，用于装饰
- 适量椰丝，用于装饰

挞馅做法

1.　在一个小碗中混合均匀豆奶 / 坚果奶和葛根粉。

2.　在一个小锅中，低火一边加热纯素奶和葛根粉混合物，一边搅拌直到形成厚厚的布丁 / 糊状质地。

3.　关火，取出糊并放入一个搅拌碗中，再加入紫薯泥，用叉子混合均匀形成慕斯一般柔滑的质地。

4.　加入枫糖浆调味，但注意不要加得太多以防紫薯慕斯水分太多。

5.　将紫薯慕斯放入刚刚做好的挞底中，铺平铺实。

6.　放入冰箱冷藏 1~2 小时使之成型，享用前用新鲜蓝莓和椰丝装饰。

- -

备注：许多水果挞和慕斯食谱中都会使用椰子油，如果你生活在热带地区或正处于炎热的夏季，椰子油的确是很不错的选择，能够完美地增加慕斯的黏稠度。但如果现在正值冬季，我们建议可以不添加椰子油。

紫薯是一种可塑性和表现力很强的食材，质地绵密、味道浑厚、颜色艳丽。如同我们前面分享的食谱那样，不管是做成咸味的小食还是甜味的甜点，紫薯的展现效果都令人满意。欢迎在家根据我们的食谱制作紫薯甜挞分享给家人朋友，相信它会成为最受欢迎的美食之一！

香脆红薯角
配豆腐美乃滋酱

食材

- 500 克红薯，洗净，如果不是有机红薯建议去皮，并一分为四切成红薯角

- 3 汤匙橄榄油 / 葡萄籽油

- 各 1/2 茶匙干百里香、干牛至叶、红椒粉、迷迭香、孜然粉

- 1 撮海盐及黑胡椒，用于调味

做法

1. 将红薯切成中等大小的红薯角（如图）。

2. 将烤箱预热至 180 摄氏度。

3. 在一个大的搅拌碗中，混合均匀红薯角、油和香料，使每一个红薯角都沾满油脂和香料。

4. 放入烤箱烤至红薯角完全变熟及呈现金黄色，烤的过程中翻动 1~2 次使烤的程度更均匀。

5. 盛入盘中作为配菜，或搭配纯素豆腐美乃滋蘸酱，增加优质碳水的摄入。

纯素豆腐美乃滋蘸酱

食材

- 1 盒嫩豆腐，滤干水分
- 2 茶匙第戎芥末酱（法式黄芥末）
- 3 汤匙葡萄籽油 / 橄榄油
- 1 汤匙苹果醋
- 1/2 茶匙海盐

做法

1. 将所有食材放入搅拌机中搅打至完全均匀。

2. 盛出，可替代传统美乃滋酱享用。制作好的豆腐美乃滋酱可以放入干净的玻璃容器中，在冰箱冷藏 3~5 天。

　　这款菜肴可在任何风格的料理中作为餐桌上独一无二的配菜，以增添优质碳水的摄入。我们喜欢将它搭配豆类蔬菜、豆类炖菜、豆腐排一起享用。如果你是无肉不欢的饮食者，红薯角也能很好地替代土豆，完美融合任何西式肉类料理。这是我们最喜欢的创意菜之一，在食材上我们选用了经典的中国超级食物——红薯，而在调味盒烹饪方法上我们则使用了西式香料和烤箱。

　　准备好进厨房大显身手了吗？记得多做一些，在你端上桌的那一刻你会发现，它被消灭的速度远比你想象得快！

牛蒡

牛蒡红枣茶

食材

- 2 片干牛蒡
- 3~4 颗干红枣，撕开，使红枣的味道能在烹饪中更好地释放
- 3~4 量杯水

做法

1. 用水冲洗牛蒡和红枣，洗净浮灰。

2. 在一个小汤锅中，加入水、牛蒡和红枣，小火炖煮 8~10 分钟，使牛蒡特有的泥土芳香和红枣自带的焦糖甘甜完全散发，煮的过程中水的颜色也会变深。

3. 倒入茶壶中持续浸泡后饮用，可添水续杯。

这款茶饮虽然制作过程十分简单却具有极强的健康功效，绝对称得上是超级食物。但又有多少中国的年轻人知道它的存在并常常饮用呢？我猜并不多见。它能够滋养强化我们的器官，支持肝脏气血的运行，对女性尤其有益。

在自然平衡饮食和传统中医食疗中，牛蒡和红枣两样食材都可以增强我们的阳性能量，提升身体质量。牛蒡细长、坚硬、结实，外表不起眼却是最好的根茎蔬菜之一。

这道经典茶饮是证明我们每日常见的中国食材可以发挥出强大的健康功效的绝妙实例。

金平
一款日式风味小菜

食材

- 1 根中等大小的胡萝卜，洗净切成火柴杆大小

- 3 片约 15 厘米长的牛蒡（我们从超市购买的牛蒡一般已经被切片，但如果你买的是整根的牛蒡，只需要用一半足矣），洗净并切成火柴杆状

- 1 汤匙芝麻油

- 3 汤匙有机酱油

- 2 汤匙味淋（日本料理烹饪常用料酒，无酒精）

- 适量黑芝麻用于装饰（最好能够用平底锅或烤箱略微炒 / 烤香）

做法

1. 切好牛蒡并浸泡在水中（20~30 分钟），浸泡过程中可以准备其他食材。

2. 切好胡萝卜，放在一旁待用。

3. 在一个平底锅中倒入芝麻油并加热，之后加入牛蒡丝，记住甩干浸泡的水分。

4. 清炒牛蒡丝，接着加入一点浸泡牛蒡的水，并盖上盖子小火炖煮 5 分钟。

5. 过程中注意检查，以免牛蒡完全吸水变干，加入酱油并搅拌。

6. 再加入胡萝卜丝并搅拌。

7. 这时需要加入一点浸泡牛蒡的水，继续小火炖煮使胡萝卜完全变熟变软（软硬程度根据自己的喜好调整）。

8. 加入味淋，搅拌后关火。

9. 尝一下味道，如果太淡可以用酱油或海盐调味，这是一道佐餐配菜，因此口味略微重一些没关系。

10. 出锅摆盘，趁热时撒上黑芝麻即可享用。

这款口味十足的佐餐小菜用到了两种根茎蔬菜——牛蒡和胡萝卜，借用浑厚的酱油和柔和的味淋点缀，成为备受大众喜爱的日本家庭料理。这道食谱帮助我们将牛蒡更多地融入我们的日常饮食和生活中。牛蒡所蕴含的食物能量百分百，尤其是在寒冷的冬季更是不可错过！

干牛蒡、天贝、菌菇
生菜包

　　无论对于孩子还是大人，这款菜肴都充满了趣味与创意，牛蒡和天贝的精彩搭配完美地使这道菜替代了传统生菜包烤肉，简直太美味啦！

　　这里还有一个小贴士分享给大家，多选择几种菌菇可以为这道菜肴增添额外的鲜味，此外还可以加入泰式罗勒，如果你喜欢重口味，不妨加点辣椒粉、干辣椒或辣椒油试试看。

食材

- 1 棵结球生菜，洗净并小心地分离每一片生菜叶
- 2 根约 15 厘米长的牛蒡，去皮切丁，放入水中浸泡 15 分钟（由于牛蒡非常坚硬，浸泡能够加快烹饪速度）
- 1 盒天贝（约 300~400 克），切丁
- 1 量杯切小块的混合菌菇（选择 3~4 种你喜欢的菌菇，我们推荐香菇、茶树菇、蟹味菇）
- 100 克四季豆，洗净切小块
- 2 汤匙酱油
- 1 汤匙糙米醋（深色的或淡黄色的都可以）
- 1 汤匙中国老陈醋（深色的）
- 1/2 个洋葱，切成很细小的洋葱碎
- 1/4 量杯小葱末
- 1 茶匙四川花椒
- 适量海盐与胡椒，用于调味
- 2 汤匙健康烹饪油
- 适量新鲜的香菜叶或欧芹叶，用于装饰

做法

1. 准备好并洗净所有食材。
2. 在一个中等大小的炒锅中，开中火，加入油并将洋葱炒香直到呈现半透明状。
3. 加入牛蒡，炒至半熟时将呈现出金黄的颜色。
4. 加入菌菇翻炒 1 分钟。
5. 加入天贝均匀翻炒。
6. 用酱油和醋调味。
7. 用海盐和胡椒调味，再撒入葱末。
8. 混合均匀，使绿色的葱末很好地散开在蔬菜中。
9. 关火，出锅摆盘，并在旁边摆放生菜叶。
10. 享用时，先拿起一片生菜叶，舀入 2~3 汤匙的炒蔬菜，像吃墨西哥卷饼一样裹在一起搭配食用。

山药

极简清蒸山药
配三吃蘸酱

食材

- 1整根山药或约30厘米长的山药，仔细清洗（清洗时请小心保护皮肤，山药的须和黏液会让皮肤发痒），切成约7.5~10厘米长的小段。如果你特别喜欢吃山药，当然可以做多一点
- 1量杯水
- 1/4量杯小葱，洗净并切末，用于装饰

做法

1. 准备好1个足够大的能够蒸山药的锅、1个蒸笼并洗净所有食材。
2. 将山药放入锅内蒸笼里，开火蒸到完全熟透为止，可以用一个叉子测试软硬和生熟的程度。
3. 在蒸山药的过程中准备蘸酱。

芝麻蘸酱

食材

- 3 汤匙中东芝麻酱 / 中式纯芝麻酱
- 一个橙子或橘子的汁
- 1/4 茶匙姜黄粉
- 1/2 茶匙第戎芥末酱（法式黄芥末）
- 适量海盐，用于调味
- 少量胡萝卜片或姜片，用于装饰

做法

1. 在一个小碗中混合所有食材，直到呈现出柔滑绵密的蘸酱质地。

2. 根据自己的口味喜好，可用海盐或第戎芥末酱调味。

酱油生姜蘸酱

食材

- 4 片生姜，切成极细的丝
- 4 汤匙酱油
- 1 汤匙中国老陈醋（深色的）
- 1 茶匙糙米醋（淡黄色的）（可选）

做法

1. 如果你喜欢生姜味重一些，先在锅内快速干炒一下姜丝。

2. 将姜丝放入酱油和醋中，静置至少 30 分钟使之入味。

香菜青蘸酱

食材

- 1/2 把新鲜香菜，洗净并切碎
- 1 汤匙葡萄籽油 / 葵花籽油
- 2~3 汤匙水
- 1 瓣大蒜（可选）
- 1 根小葱，洗净并切成葱末
- 1 小撮海盐
- 1 小撮黑胡椒
- 1 小撮白胡椒

做法

1. 准备好并洗净所有食材。

2. 在一个小型的搅拌机或料理机中放入所有食材并搅拌均匀，用盐和胡椒进行调味，用水调节黏稠度。蘸酱最终的效果应该呈现出比较绵密厚重的质地，不能有太多水分。

这三款蘸酱口感厚重、绵密、微微辛辣并带有坚果香气。在这些独特的亚洲融合风格蘸酱的帮助下，简单的有着土豆泥质地的蒸山药，却摇身一变展现出了与众不同的风味。

山药不仅膳食纤维十分丰富，并且其带有的阴性能量能够滋养我们的胰腺和脾脏，在情绪紧张时逐渐舒缓我们的焦躁情志。

目前在很多年轻人的家庭厨房中，山药已经慢慢退出视野鲜少被使用了。我们鼓励所有本书的读者和更多的中国年轻人多吃山药，不要对它视而不见。不管是蒸、煮、碾碎还是做成泥都好，愿我们的食谱能够为大家提供一些灵感。千万不要错过，毕竟山药是这么好的超级食物啊！

山药泥

食材

- 800 克 ~1000 克山药，仔细清洗（清洗时请小心保护皮肤，山药的须和黏液会让皮肤发痒），切成 7.5~10 厘米长的小段
- 足够多的能够蒸熟或煮熟这些山药的水
- 1 小撮海盐
- 3~4 汤匙橄榄油
- 1 小撮白胡椒（可选）
- 1 小撮红椒粉，用于装饰
- 适量的新鲜欧芹叶，用于装饰

做法

1. 准备好并洗净所有食材。

2. 煮或蒸所有山药，直到完全熟透软烂可以捣成泥的程度。

3. 取出山药并自然晾凉，晾凉后更易去皮。

4. 撕去山药的皮并把去皮后的山药放入一个大碗中。

5. 用一把大叉子慢慢将山药碾碎成泥，直到呈现出绵密的土豆泥般的质地。

6. 加入橄榄油、盐、胡椒调味并搅拌均匀。

7. 装盘，用欧芹叶和红椒粉装饰。

这是一道完美的替代白土豆泥的配菜，山药比土豆含有更多的纤维、维生素、矿物质，赶紧尝尝吧！

用山药泥代替土豆泥真是明智的做法，因为山药比土豆含有更多的纤维，而且口感比土豆还要绵密。如果你周围有人一看到蔬菜绿油油的颜色就觉得寡然无味，又白又香的山药泥不会让他们失望。你可以将山药泥作为基底，搭配其他中式料理一同享用，也可以采用西方饮食习惯放在一旁作为小份配菜。当然，由于山药泥本身呈现简单的白色，制作过程中加入菠菜汁或红菜头汁，它就会呈现出漂亮的绿色和粉色，这是个邀请孩子们加入一起动手制作的好方法！

翻炒是另一种烹饪山药的方法，在这则食谱中我们通过使用泰式罗勒与薄荷，为其增添了不一样的感觉。在春夏季节中一边吃着山药一边享受香草的香气，实在是太惬意了！

中国山药长得不那么讨喜，毛毛的，但只要我们好好处理，它的独特魅力就会发挥出来，质地非常绵密、丰富、厚重。

如果在日常饮食中加入山药，你的脾脏和消化系统一定会感谢你，因为山药具有滋养的功能，可以促进人体气的运行，为脾脏的运作提供强有力的支持。

山药炒豌豆
佐泰式罗勒和薄荷

食材

- 1 根约 20 厘米长的山药，仔细清洗并去皮切片（切片后放入清水浸泡，以防在准备其他食材的过程中氧化变色）
- 1/2 量杯豌豆（冷冻豌豆也可以，但请在烹饪前事先解冻）
- 1/2 量杯泰式罗勒叶，清洗并用厨房纸巾拍干水分
- 1/2 量杯新鲜薄荷叶，清洗并用厨房纸巾拍干水分
- 适量盐和胡椒，用于调味
- 1 汤匙酱油，用于调味
- 1/2 量杯小葱，清洗并切成小葱末，用于装饰
- 适量黑 / 白芝麻，用于装饰
- 1 汤匙葵花籽油 / 葡萄籽油
- 1 量杯新鲜紫苏芽苗（可选，非常具有时令性的食材，除非你在家种植或周边的有机农场可以提供，不然不容易获得）

做法

1. 准备好并洗净所有食材。
2. 在一个大的炒锅中加热油。
3. 加入山药片并快速翻炒 30 秒。
4. 加入豌豆并继续翻炒 1 分钟，这时可以加入一些水并转小火，以防太高的温度会让山药变色。
5. 用盐和胡椒调味。
6. 加入酱油调味并翻炒均匀。
7. 关火，放入泰式罗勒叶和薄荷叶，轻轻搅拌。
8. 出锅摆盘，可用小葱末和芝麻装饰。

超级山药思慕雪

食材

- 1/2 量杯山药泥（制作山药泥前请先煮熟或蒸熟山药）
- 1/2 量杯水
- 1/2 茶匙生姜末
- 2 茶匙枫糖浆 / 蜂蜜
- 1/4 茶匙肉桂粉
- 1 小撮黄芪粉 / 玛卡粉，用于暖体和增强肾上腺功能（可选）

做法

1. 在搅拌机中加入所有食材并搅拌均匀，倒入你喜欢的杯子中饮用。

2. 只要稍加调整食谱，通过加入更多的山药泥就可以做成更厚实的思慕雪碗，你也可以做多一点在冰箱内冷藏，下次享用前只要加热一下就可以了。黏稠度完全可以由自己调节，只要足够黏稠，它完全可以变成一款小零食或布丁。

有关山药的禁忌提示：如果你当前有消化不良、腹胀、食欲不佳或舌苔厚腻的症状，请先不要食用山药。大量摄入山药（超过 200 克）会导致肠道膨胀。也切记不要过量使用生姜和肉桂粉，再好的食材也不宜贪多，适量即可。

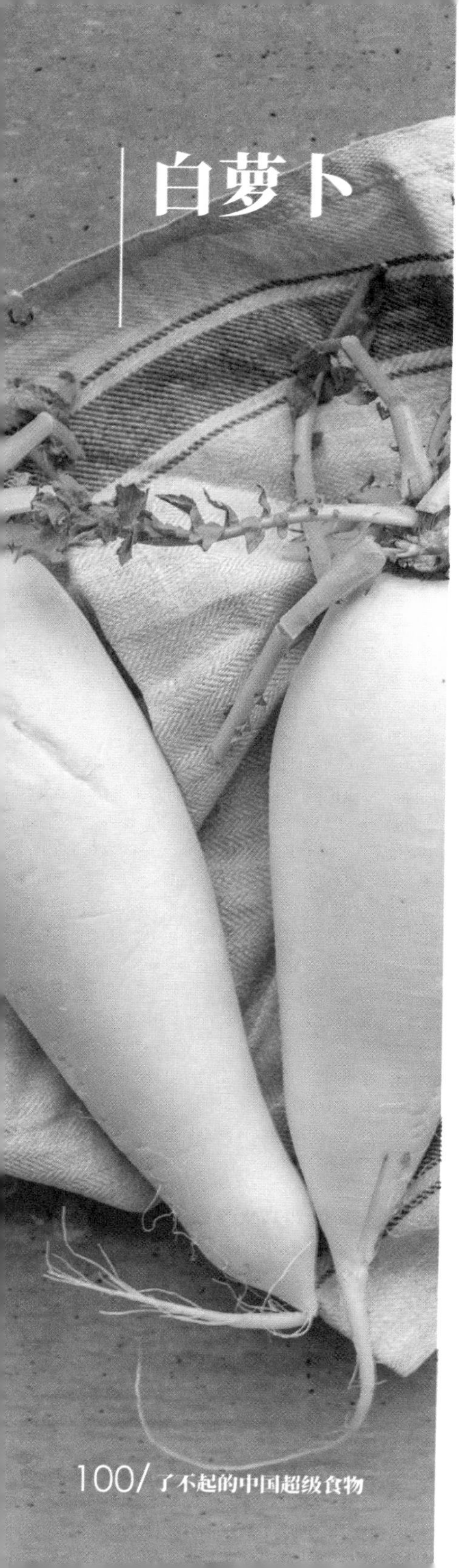

白萝卜

食材

- 一整根白萝卜，洗净，如果不是有机白萝卜建议去皮，切成较厚的四分月形或一口大小的块状（请保留萝卜根和萝卜叶）

- 3 量杯水，用于炖煮白萝卜，再多准备 1 量杯水放在一旁备用，以防你需要更多的汁水

- 10 个新鲜香菇，洗净并一切四（如果你找不到新鲜的香菇，也可以使用干香菇）

- 6 粒八角

- 3 片生姜

- 1 茶匙丁香

- 1 小撮肉豆蔻粉或 2 粒新鲜肉豆蔻（一种圆形棕色质地较硬的香料）

- 1/2 量杯酱油（确实挺多的，但如果你的锅比较大你也许需要更多）

- 1 汤匙米醋（可选）

- 1 片月桂叶

- 1/2 茶匙海盐（可选，取决于你使用的酱油本身的咸度）

这道菜肴是广受肉食爱好者欢迎的酱烧猪肉的纯素版本。去掉了猪肉自然也就去掉了饱和脂肪，更加健康，但口味却不会因此大打折

酱烧白萝卜

做法

1. 准备好白萝卜和香菇并洗净。

2. 在一个中等大小的汤锅中加入水和月桂叶并烧开。

3. 加入八角、丁香、肉豆蔻、生姜并持续炖煮 2 分钟，使香料的味道释放出来，关小火接着加入香菇。

4. 小火持续炖煮 5~6 分钟，这时可以加入酱油和白萝卜。

5. 再小火持续炖煮 10 分钟，接着加入米醋并用海盐调味，海盐的用量取决于酱油本身的咸度。

6. 一旦白萝卜完全煮熟变软达到入口即化的地步，就可以关火了。

7. 出锅装盘，可作为配菜与全谷物、蔬菜、蛋白质搭配享用。

** 萝卜叶富含足量的钙质、纤维和维生素 K，千万别扔掉萝卜叶，这可是萝卜的精华，可以切碎作为装饰或入汤。

扣，毕竟我们有浓郁的酱油和鲜香的香菇帮忙。酱烧白萝卜浓厚饱满令人满足，烹饪的诀窍就是小火长时间慢炖，让香料、蘑菇的气息完全融入酱汁和白萝卜中，合二为一。

蒸萝卜片
佐淡味噌酱

食材

- 一整根白萝卜洗净，如果不是有机白萝卜建议去皮，切成1厘米厚的萝卜片（如图）

- 足够多的能够蒸熟这些萝卜的水

- 2汤匙淡味噌酱

- 1汤匙味淋

- 1汤匙水，用于与味噌酱混合调制酱汁

- 1根小葱/萝卜叶，洗净并切末（可选）

- 适量黑芝麻，用于装饰

做法

1. 准备好白萝卜片，并在一个浅口锅中用少量的水蒸熟，直到变熟但不至于太软烂，变成糊状即可。

2. 在蒸萝卜的过程中可以制作淡味噌酱。在一个小碗中用一个小勺子混合均匀淡味噌、味淋和水，搅拌直到呈现出柔滑绵密的酱汁质地。味噌在冰箱中冷藏保存可能会变硬，因此根据情况你可能需要多加一点水。

3. 将白萝卜片从锅中取出放在一个盘子上，每片萝卜的中心放1/2茶匙的淡味噌酱，并用黑芝麻和/或小葱末/萝卜叶碎装饰。

　　这道菜肴既用到了经典的中国超级食物——白萝卜，又将强有力的日式淡味噌酱通过简单的方法表现出来。在日式料理中，味噌本身也是一种超级食物，通过发酵的制作方法，为简单的原料添加了丰富的益生菌和矿物质。味噌本身自带的纤维与味淋的微甜尾韵巧妙结合，弥补了白萝卜的平淡，一口咬下回味无穷。

　　这样处理白萝卜，相信无论男女老少都很难拒绝。当你在家中一人吃饭时，只需简单花上几分钟就可以下厨制作一顿营养美味的晚餐，当然作为派对上的小食也会是个不错的选择。记得多做一些哦，小心一转眼就空盘啦！

白萝卜排毒饮

食材

- 1 量杯白萝卜丝，大约需要使用 1 段约 10 厘米长的白萝卜，用刨丝器刨得越细越好，挤干白萝卜汁并将萝卜丝和萝卜水分别放入小碗中

- 3 量杯水

- 1/8 茶匙或 1 滴有机酱油（可选）

做法

1. 准备好萝卜丝和萝卜水并分别放入两个小碗中。

2. 将萝卜水和水放入一个小汤锅中煮沸。

3. 关小火持续炖煮 2-3 分钟。

4. 如果你想让排毒饮有点咸味，可加入一滴有机酱油（但千万不要加多），同时属阳性的酱油还可以均衡属阴性的白萝卜。

5. 如果你不介意排毒饮有一点点稠度，可以加入一些挤干的萝卜丝放入锅中。

6. 关火，倒入一个小杯子或小碗中饮用。不需要喝很多，因为这不是热汤而是具有疗愈功效的排毒饮品。

　　白萝卜不仅因含有丰富的膳食纤维和益生元成分而成为当之无愧的超级食物，它在自然平衡饮食中也是一种具有轻体排毒功效的食材。我们可以使用白萝卜乳化体内器官积累的油脂及胆固醇，还可以冲走毒素，加速新陈代谢。更何况操作如此简单，还有什么理由不试试呢？

　　这款排毒饮本身具有舒缓身心、排毒养生的功效，解毒是个很好的理念，但排毒却比解毒更上一层楼，因为排毒在解毒的基础上还能够加速身体循环使毒素从体内流出。我们也建议加一滴酱油，不仅味道更好，且酱油属阳性能够均衡属阴性的白萝卜。

三色萝卜泡菜

一旦泡菜做好后，将泡菜部分放入小一点的玻璃罐或容器内，可在冰箱里冷藏保鲜最多2周。家庭自制泡菜作为佐餐小菜，搭配任何风格的料理都很适合。

这是一款非常简单的快腌泡菜，相信它的美味会鼓励所有人重新开始吃发酵食品，这对我们的消化系统及免疫系统都十分有利。在制作泡菜所用的醋的选择上，苹果醋十分好用，但苹果醋尤其是生的苹果醋略偏阴性，因此如果你想达到更好的阴阳平衡，不如试试发酵时间更久、本身自带盐分的乌梅醋。只是乌梅醋可能不太容易获取，如果你有幸能够买到，一定要试试看。它和苹果醋的口味有很大的区别，可以在一罐泡菜中混合使用也可以分开制作两种风味的泡菜。

食材

- 1 量杯白萝卜片，大约需要使用 1 段约 10 厘米长的白萝卜，洗净并切小片，注意所有的蔬菜片应保持相近的大小和形状。下面的泡菜食材搭配供你参考，我们建议选择至少 3 种不同颜色的蔬菜

- 1 量杯胡萝卜，洗净并切片

- 1 量杯黄瓜，洗净并切片

- 1 量杯樱桃萝卜，洗净并切片

- 2 量杯紫色卷心菜或白色卷心菜，洗净并切丝

- 1/2 量杯新鲜香菜，洗净并粗略切碎

- 3 量杯水，或足够可以填满半个用于腌制泡菜的玻璃罐的水

- 1/3 量杯乌梅醋或 1/2 量杯苹果醋（在健康食品超市或网上超市比较容易买到）

- 1/2 茶匙海盐

- 适量的其他香草 / 香料，如香菜籽、胡椒粒、月桂叶、辣椒等（可选，比较适合在温暖的季节食用，能够增添多元化风味）

做法

1. 准备后并洗净所有食材。

2. 准备一个干净且干燥的玻璃罐，大小应足够容纳你准备的所有食材以及 1/2 或 3/4 玻璃罐的液体。

3. 将准备好的蔬菜按照你喜欢的顺序依次放入玻璃罐中，并倒入水、醋和海盐。

4. 在最上面一层撒上新鲜香菜和你喜欢的香料，接着用橡皮筋和透气的棉布封口。当然如果玻璃罐本身带盖子可以直接盖上盖子，在这里请注意蔬菜和盖子之间留出一些距离，因为泡菜的发酵过程需要有空气的参与。

5. 将玻璃罐放在厨房角落，避免阳光直射，夏季发酵过程需要 2~3 天，冬季则需要 4~6 天，用干净的筷子每天彻底搅拌蔬菜使液体充分浸泡每一片蔬菜，以达到最佳的发酵效果。

6. 当你打开玻璃罐闻到扑鼻而来、令人垂涎欲滴的泡菜酸味时，你就知道泡菜做好了。

我们不建议从超市或菜市场买已制作好的成品泡菜，因为这样的泡菜中往往添加有白砂糖、味精和各类化学添加剂。是的，很多中国年轻人还没有意识到这个问题。实际上，泡菜是很健康的，前提是制作泡菜的所有食材都是真正的天然食物，而非化学添加物。我们在此分享的泡菜食谱保证百分之百天然和健康，再加上制作过程如此简易，没有借口不试试看。一旦你的生活拥有了健康泡菜，就真的难以割舍这酸爽的美味！

有关发酵食品和泡菜的小知识：

腌制是世界上存在的最久远的食物保存法之一。现代冰箱被发明及投入使用之前，腌制是唯一能够保存各类食材以供之后慢慢消耗的方法。最开始，腌制法仅被用来保存外来食物和时令食物，并且在很大程度上受自然环境和耕种收成的限制。这的确与现今的情况大不相同，现在几乎家家户户都有冰箱，一年四季都可以吃到来自世界各地的食物。传统的腌制工序在冬天进行，目的是将食物储存过冬，来年夏季还可以继续吃。正是因为腌制的过程非常长，这些食物往往富含极其丰富的益生菌和维生素。

有研究证明腌制这项独特手艺的悠久历史可达 4000 至 5000 年，追溯历史的足迹，可以发现它存在于几乎所有的传统饮食文化中，如中国、印度和地中海区域的传统饮食。

传统的东方泡菜制作技艺会用到盐、油、干辣椒粉及其他混合调味料。在中国，泡菜的历史由来已久，广受大众喜爱，常使用卷心菜、莴苣、菜瓜、黄瓜、白萝卜、红萝卜、胡萝卜和红葱头等蔬菜。各类蔬菜混合盐、糖后被放入醋中浸泡制成酸甜可口的泡菜。除蔬菜外，蛋类的腌制也很流行，蛋壳外包裹上厚厚的盐分、泥土、干草或其他材料，密封保存腌上约一个月就成为下饭的咸蛋。有些腌制过程中会将酱油替代醋，还会加入生姜、大蒜、辣椒、胡椒粒等香料，目的是为了增添独特的香辣风味，在中国南方一些城市尤其盛行。

总之，几乎所有食物都可以被腌制，但如果你是腌泡菜的新手，我们还是建议从最基础的简单快腌泡菜开始，熟能生巧。同时，你也要习惯厨房架子上出现的新成员——放进玻璃罐的泡菜兄弟们，最好让和你一起住的家人朋友知道这些泡菜正在迅速发酵中。我们都知道厨房有时候也很麻烦，频繁做菜会导致温度有时太高。因此，以防万一也可以将泡菜摆放在其他区域如客厅角落，只要有稳定的室温就可以。

泡菜和发酵食品的健康益处早已不是秘密，几个世纪以前勤劳聪明的人类就已发现并将这类食物纳入日常饮食中。而现在，越来越多的人为了省时便利不再像过去那样好好吃饭，尤其在典型的美式饮食和西式饮食中，发酵食物几乎不存在。直到 2016 年，健康有机的饮食风潮在中国如雨后春笋般出现，我们一方面嗅到了时机的来临，另一方面也意识到在上海和中国其他许多城市人们对发酵食物的健康益处毫不知晓，因此我们开始向大众教授发酵食物工作坊和泡菜制作课程。随着时间的积累，我们也有幸看到越来越多的朋友们重新开始与传统的好食材建立起联结，传统酿造的好酱油、豆腐、腐乳、纳豆、味噌等发酵食物对他们来说也不再陌生。

发酵过程充满了魔力，食物通过或长或短的发酵，蕴藏在其中珍贵的酶类被激活，优质的益生菌也被释放，它们可是人类的肠道系统不可或缺的好帮手。万病始于肠，只有拥有平衡的肠道环境和健康的消化系统，我们才能够获得高效的免疫力和强壮的体魄。

现在越来越多的人塞进嘴巴里的不是天然食物，而是堆砌着白砂糖、精致面粉、味精、化学添加剂、防腐剂的过度加工的食物。此外，乳制品（如牛奶、酸奶、芝士）的摄入过多，新鲜蔬菜、全谷物、坚果、种籽、优质天然发酵食物的摄入又远远不够，这些都是赤裸裸的现状，导致了十分疯狂的早已远超上一辈的慢性退化性健康问题。

正在读这些文字的朋友们，我们希望大家能够从现在做起，尝试自制一些简单的泡菜，在日常饮食中慢慢提高优质发酵食物的比例，豆腐、天贝、酱油、泡菜等都是很好的选择。不用等待太长时间，你就会意识到进入体内的食物对消化系统和整体健康有多么大的影响。我们也会坚持创作好的食谱，期待在未来持续为大家带来更多美味可口的泡菜，或许我们会出一本书专门讲解这个主题。

萝卜沙拉
佐柑橘油醋汁

沙拉食材

- 各 500 克不同类型的萝卜，如樱桃萝卜、红心萝卜、白萝卜，洗净并切片
- 1 根黄瓜，洗净并用削皮刀纵向刨长条薄片
- 1 把莳萝，洗净并粗略切碎
- 1/2 个橙子切成橙子角，放在一旁搭配食用

酱汁食材

- 1/4 量杯橄榄油
- 1/4 量杯红酒醋
- 3 汤匙新鲜橙汁
- 适量海盐和胡椒，用于调味

做法

1. 在一个空的玻璃罐中混合所有酱汁食材并合盖摇匀。
2. 将萝卜薄片和半罐摇匀的酱汁在一个碗中混合，并静置约 30 分钟慢慢入味。
3. 在一个大盘子上摆放黄瓜薄片和萝卜薄片，并撒上莳萝碎。
4. 根据喜好可在旁边摆放剩余的酱汁和橙子角，即可享用。

这道颜值和美味并存的沙拉会让你的家人朋友对你刮目相看。尤其在春夏季节，它清爽的颜色、水分和温度令人心旷神怡。可作为配菜完美融入任何风格的料理中，或者放在正餐的餐盘上作为佐餐小菜也很不错。如果你是忙碌的上班族，还可以将沙拉和酱汁分别放入容器中带到办公室，在午餐时享用。

姜 ｜ 生姜肉桂英式早餐茶

食材

- 3 片新鲜姜片
- 1 根肉桂棒
- 1 量杯水
- 1 袋英式早餐茶 / 红茶茶包

做法

1. 将水煮沸后倒入杯子，同时加入所有食材。
2. 饮用前浸泡 2~3 分钟，以使生姜和肉桂的味道彻底释放在茶中。

　　有时简单的食材组合就能发挥最好的效果，如同这款简单的茶饮，它不仅香气浓郁而且还有暖身功效，适合趁热饮用。在 6 年前上海寒冬的一个清晨，我随意创作出了这款茶饮，实在是太好喝了，竟成了我最喜欢的晨间饮品。生姜和肉桂可以在茶杯中重复加水使用 2~3 次，也可以放入茶壶中浸泡与家人和同事分享。

　　生姜是一种抗炎的超级食物，在西方也很受用，无论是在烹饪、甜点、烘焙、榨汁、酱汁还是热饮中，生姜总会出现，希望你们喜欢它的味道，认同它的功效！

生姜苹果蓝莓果冻

在甜品和布丁中，姜汁其实扮演了非常重要的角色，它能够增添些许微辣的活力口感。在这则食谱中，我们还搭配了两种超级食物——葛根（一种植物）和琼脂（一种海藻），感谢它们独特的质地，我们才能制作出天然的果冻般Q弹的布丁。葛根在自然平衡饮食中具有疗愈和强健肠道的功效，而琼脂因其果冻质感常在制作布丁、蛋糕、蛋挞，甚至是纯素奶油中被使用。更美好的是这两种超级食物都富含丰富的纤维和矿物质。如果说超级食物，蓝莓自然也有充分的理由被算在其中，因此按照我们的食谱制作，你将拥有全世界最健康的果冻布丁！

食材

- 2 量杯鲜榨苹果汁 / 水（水也可以制作出一样的果冻质地，只是味道更淡）
- 2 汤匙琼脂粉
- 1 茶匙葛根粉
- 1/3 量杯水，用于与葛根粉混合
- 1 茶匙新鲜姜汁
- 1/2 量杯新鲜蓝莓，洗净
- 1 汤匙天然健康甜味剂，如枫糖浆或糙米糖浆
- 1/2 量杯苹果，洗净并切成小块，用于装饰
- 几小枝新鲜薄荷，洗净，用于装饰（可选）

做法

1. 在一个小碗中放入葛根粉并加入 1/3 量杯的水，充分混合直到葛根粉融化，放在一旁待用。

2. 在一个小汤锅中，开小火慢慢加热 2 量杯的苹果汁 / 水，再放入琼脂粉并持续搅拌直到完全融合。

3. 将火调至最小，加入蓝莓并持续搅拌，慢慢地蓝莓会变软，可以用叉子按压蓝莓使蓝莓的颜色充分融入液体中。

4. 接着将葛根粉糊倒入汤锅中。

5. 汤锅中的混合物会变得越来越黏稠，并呈现略深的蓝紫色，这时加入甜味剂、姜汁并搅拌均匀。

6. 关火，冷却 2 分钟后将混合物倒入一个小的、宽的玻璃容器中，自然冷却 30 至 60 分钟或直接放入冰箱冷藏，使之定型。

7. 用切碎的蓝莓 / 苹果 / 其他新鲜水果和薄荷装饰，即可享用，尤其适合炎热的夏季。

如果你喜欢更甜的口感，甜味剂部分可以酌情调整，也可以在果冻成型后撒在上面，最后搭配新鲜的水果和薄荷，甜而不腻、清新入脾。

食材

- 3 片新鲜姜片
- 2 根中等大小的胡萝卜，洗净并切成 1 厘米厚的萝卜片
- 4 量杯或 400 克南瓜，洗净去皮并切块
- 1 片月桂叶
- 4 量杯水，或足够能够盖过汤锅中所有蔬菜的水
- 适量海盐与胡椒，用于调味
- 适量干的百里香或鼠尾草粉，用于调味或装饰（可选）

做法

1. 准备好所有蔬菜并洗净。
2. 在一个中等大小的汤锅中，加入水并煮沸，接着加入月桂叶、南瓜、胡萝卜和生姜。
3. 持续炖煮锅中的蔬菜，直到变熟但不至于太软烂变成糊状的地步，这时用盐、胡椒和香料进行调味。
4. 关火，自然放凉 5~10 分钟。
5. 将煮好的蔬菜和 1/3 的蔬菜清汤倒入搅拌机中，剩余的蔬菜清汤放在一旁待用。
6. 用搅拌机持续搅拌蔬菜和液体，直到呈现出西式浓汤的质地。如果太干可以慢慢加入一点蔬菜清汤，再次搅拌进行调节。
7. 盛入碗中，可作为头盘或配菜享用。

　　生姜是一种可塑性较强的食材，在西式浓汤中加入生姜可以平衡浓汤厚重的淀粉感，在达到饱腹效果的同时又不会给肠胃带来负担。南瓜和胡萝卜是西式料理中无比经典的浓汤组合，但我们分享的这个食谱更加健康，完全摒弃了一般西餐厅或咖啡厅为了增加浓汤黏稠度经常使用的乳制品或人工增稠剂。南瓜和胡萝卜本身都具有增稠的作用，不过，如果你选择用其他蔬菜制作浓汤，可以添加一些煮熟的土豆或糙米饭，一样可以达到完美的效果。在这里需要再三提醒大家的是，用搅拌机搅拌浓汤时一定要一点一点分次慢慢加入液体，以防水分太多影响口感。真正的浓汤一定是稠稠的，我们可不能在最后一步时因为加多了水做成了思慕雪，这样就前功尽弃了！

生姜南瓜胡萝卜浓汤

嫩蒸豆腐
配生姜香菜籽酱汁

在中国，用豆腐做菜十分常见而且受欢迎程度很高。我们的食谱仅仅简单烹饪了豆腐，但别具匠心地融合了香菜籽、生姜、酱油的酱汁，给味蕾带来不同的感觉。别忘了，豆腐可是植物性蛋白质的优质来源，我们要做的仅仅是花点心思就可以达到营养美味双管齐下的目的。在不同的时节，我们可以变换花样调整豆腐菜肴的味道、温度、香料搭配、烹饪技巧，当然仔细聆听我们的身体，它也会告诉我们今天想吃什么样的豆腐。蒸是一种较为中立温和的烹饪方法，同时我们添加的香菜、酱油和生姜也可以有效平衡阴阳能量。

食材

- 1 盒嫩豆腐，滤干水分
- 1 茶匙香菜籽，在平底锅中干炒出香味
- 6 片新鲜姜片，切成细丝，一半用于装饰，另一半用于制作酱汁
- 1/2 茶匙黑芝麻
- 1/2 茶匙辣椒粉（可选，适合在热带或夏季食用）
- 5 汤匙酱油
- 2 汤匙水
- 适量新鲜香菜叶，洗净并略微切碎，用于装饰

做法

1. 在平底锅中干炒香菜籽，炒出香味，当香菜籽开始在锅里迸溅并发出噼里啪啦的声音时就炒好了，关火，盛入一个小碗放在一旁待用。

2. 如果你选用的是生的黑芝麻，请先开中火在锅里用同样的方式炒香，大约需要 1 分钟，炒好后盛入一个小碗放在一旁待用。

3. 在一个深口锅中加水并放入蒸笼 / 竹篮 / 盘子，开火将水煮沸。

4. 将嫩豆腐从盒中取出，滤干水分，放在蒸笼 / 竹篮 / 盘子里（上）蒸 2 分钟。

5. 蒸豆腐的同时制作酱汁，在一个小汤锅中加入酱油、水、一半的姜丝、香菜籽，搅拌均匀并低火加热 1 分钟。

6. 将蒸好的豆腐从锅中取出，摆盘，淋上酱汁并用新鲜姜丝、香菜叶、黑芝麻和辣椒粉装饰。

7. 在午餐或晚餐时与糙米饭或其他健康美食搭配享用。

　　欢迎大家按照食谱在家尝试。喜欢吃老豆腐也可以，先将老豆腐切片煎熟，再搭配我们的酱汁享用，味道也很棒哦！

食材

- 1 量杯杏仁奶（如果使用自制的新鲜的杏仁奶，需要用滤袋将杏仁渣过滤掉，使用南瓜籽奶也可以，而且它本身就自带薄荷般的淡绿色）
- 1 茶匙新鲜姜末
- 2~3 颗中东椰枣，去核
- 1/4 量杯椰丝
- 1/2 量杯水
- 2~3 片新鲜薄荷叶，用于调味

适量银耳或白木耳，提前浸泡并完全泡发（可选）

做法

1. 在搅拌机中搅拌所有食材，直到呈现出光滑绵密的思慕雪质地。
2. 倒入一个高玻璃杯中，用椰丝和新鲜薄荷叶装饰。

如果你想在家自制新鲜杏仁奶，请先提前用水浸泡 1 量杯杏仁 2 至 10 小时，之后滤干水分并冲洗干净，在搅拌机中将泡好的杏仁与 2 量杯水搅拌均匀，并用过滤袋将杏仁渣滤掉即可。过滤袋可以选用专用坚果奶过滤袋，也可以使用棉布制成的袋子，当然如果你喜欢粗糙一点的口感可以不用过滤。

　　也许你是第一次喝到这样口味多元的思慕雪吧，甜蜜、顺滑、清凉、微辛全在你手中的杯子中！如果你不喜欢椰丝的味道和粗糙的质地，可以改滴一滴香气扑鼻的天然椰子油，比较适合在夏季饮用。

　　薄荷令人爽快清凉，而生姜和椰枣则带有暖身功效。杏仁奶顺滑绵密，而椰子和薄荷又给人十足的热带风情。两者平衡相互照应，美味健康一举两得。

　　午后在家中或办公室喝上一杯，清神醒脑无咖啡因刺激，完美代替咖啡、浓茶或甜腻腻的奶茶。

有关薄荷的禁忌提示：

　　干湿体质、气血不足、体液不流通的人不适合食用太多薄荷。

杏仁
生姜
中东椰枣
薄荷
思慕雪

百合

百合独具香气且膳食纤维含量丰富，搭配爽脆的芹菜，口感清新。如果你在国外生活，百合的确不常见，但在国内和亚洲东南部的许多地区，尤其是春夏时分，我们可以找到新鲜的百合。

芹菜炒百合

食材

- 1/2 量杯百合，分离每片花瓣并洗净
- 1 量杯芹菜，洗净并切碎（从根茎到叶子都可以吃，不要浪费）
- 1/2 量杯腰果，干炒或干烤出香味（超市中购买的腰果一般添加了盐、味精和其他添加剂，因此我们建议采买生腰果，在家只需用平底锅或烤箱简单加工一下即可，并在密封罐中保存）
- 1 汤匙黑芝麻油 / 白芝麻油
- 1/4 个白洋葱，洗净并切碎（可选）
- 适量盐和胡椒，用于调味
- 1/4 量杯水用于烹饪，以防平底锅中的蔬菜在烹饪过程中太干

做法

1. 准备好并洗净所有食材。
2. 在平底锅中放入芝麻油并加热，接着放入洋葱（如果你喜欢洋葱的话）或直接放入芹菜。
3. 翻炒至芹菜散出香味。
4. 加入百合并低火持续翻炒 2 分钟。
5. 用适量盐和胡椒调味。
6. 关火，撒入炒 / 烤香的腰果，拌匀。
7. 出锅装盘，可搭配任何风味的料理享用。

百合
豆腐碎
豌豆
盖浇饭

我们特别喜欢盖浇饭这个想法，全谷物米饭为底，香喷喷的菜肴浇其上，拌匀后一口一口吃下，能够在一天勤奋的工作之后和家人共享如此美味，真是太疗愈了。哪怕是自己一个人吃饭也不会觉得愧对自己的肠胃。通常盖浇饭会使用猪肉末或炸鸡（外卖菜单里总是这样搭配），但我们稍做调整用植物蛋白满满的豆腐替代，再加上姜黄粉和各种健康佐料调味，真是像极了金黄色的炒蛋。一句话总结就是：零饱和脂肪、软嫩易嚼、颜色鲜艳、食材丰富、营养均衡，令人垂涎欲滴。

坚持不住了，我口水都要流出来了，赶快开动吧！

食材

- 1/2 量杯百合
- 1 块老豆腐
- 1/4 个白洋葱，洗净并切碎，和百合保持相同的分量最佳
- 1/2 量杯豌豆（冷冻豌豆也可以，但请在烹饪前事先解冻）
- 1/2 茶匙姜黄粉
- 适量海盐和胡椒，用于调味
- 1 汤匙味淋或糙米醋
- 1 汤匙酱油
- 1汤匙葡萄籽油或米糠油，用于烹饪

做法

1. 豆腐上下各放一个盘子，并在上面的盘子上再放 1 至 2 个碗作为重物，持续按压 30 至 60 分钟以挤出更多水，注意清理从豆腐中挤出的水分，出水后水分变少更易制成豆腐碎，类似炒蛋的质地。

2. 在平底锅中加入油并开火加热，之后加入洋葱翻炒至出现香味，呈现金黄色。

3. 加入百合，翻炒 1 分钟。

4. 接着加入豆腐碎，翻炒均匀。

5. 这时可加入姜黄粉、盐和胡椒进行调味。

6. 再加入豌豆，转小火翻炒 2 分钟。

7. 最后用味淋 / 糙米醋、酱油再次调味，可根据口味喜好调整比例。

8. 关火出锅，浇在温热的米饭或加热的剩饭上就是一碗美味可口的盖浇饭。

食材

- 3~4 颗百合，洗净并粗略地分离叶片，不需要片片分离

- 1/2 量杯新鲜柠檬汁

- 1 满茶匙柠檬屑

- 6 瓣大蒜，去皮用刀拍碎，以便烘烤的时候更易出味

- 1 小撮海盐和胡椒

- 1 小撮干的百里香（可选）

- 1/4 量杯橄榄油或 50 克纯素黄油（可以在网上商店买到，请注意选择无添加反式脂肪和味精的产品）

做法

1. 将烤箱预热至 180 摄氏度，烤盘上铺上烘焙用锡箔纸，确保锡箔纸四周都翘起来，以免橄榄油或融化的纯素黄油流进烤盘。

2. 在一个搅拌碗中加入除了柠檬屑以外的所有食材，用手混合均匀确保每一片百合花瓣和每一瓣大蒜都覆盖了橄榄油及调味料。如果你用的是纯素黄油可以略过此步骤，参考下一步。

3. 将百合和大蒜移入烤盘，如果你使用的是纯素黄油，将其分成小块均匀撒在百合和大蒜上，烘烤过程中会完全融化。

4. 将一半柠檬屑撒在上面，如果你喜欢百里香的味道也请撒在上面，放入烤箱烘烤 10~15 分钟或烤到呈现金黄色的地步（每个烤箱都略有不同，因此烘烤的过程中请每隔一段时间查看以免蔬菜被烤煳）。我们希望百合和大蒜的口感是入口即化，所以一定要烤得非常熟。

5. 取出摆盘，用另一半柠檬屑装饰，作为配菜享用。

烤百合
配柠檬蒜香素"黄油"

　　我的好朋友主厨 Eiko 是这道菜肴的缪斯女神，是她给了我如此有趣的创意。她曾在上海生活，特别喜欢百合、柠檬和黄油混合在一起的味道。我们通过使用橄榄油或纯素黄油将其纯素化，并用百里香增加香气，用清新的柠檬屑解腻，相信这样的美味绝不会让你失望。记住哦，百合和大蒜要入口即化，所以请好好掌握烘烤的时间。

绿叶 | **芥蓝**

瓜果类蔬菜

姜汁蒸芥蓝
配香脆芝麻

芥蓝

芥蓝是一种典型的绿叶蔬菜，在英文中被称为"中式羽衣甘蓝"。在本书中我们不得不提到绿叶蔬菜这个食材类别，又因篇幅有限仅能选择几种为大家展开讨论，但实际上所有的绿叶蔬菜都是超级食物。它们富含维生素、矿物质、植物营养素（得益于光照）、膳食纤维和益生元，破土而出朝天生长，带给我们向上的外放的能量。此外，它们还有助于身体解毒排毒，每个人都应该在日常饮食中多吃绿叶蔬菜。

食材

- 1 把芥蓝 / 菜心，洗净

- 1~2 量杯水，能足够覆盖锅底，用于蒸熟芥蓝 / 菜心

- 3 片新鲜姜片，切成细丝

- 2 汤匙酱油（有机的长时间发酵的天然酱油最佳）

- 1 汤匙黑芝麻油 / 白芝麻油

- 1 茶匙水

- 1/2 茶匙黑芝麻 / 白芝麻 / 混合黑白芝麻（我们推荐大家用平底锅或烤箱干炒 / 烤一些芝麻并用密封玻璃罐保存起来放在厨房，这样方便随时取用，十分适合装饰菜肴）

做法

1. 在一口深锅中加水并开火加热，水沸腾时调至小火。

2. 锅内放入蒸笼，将芥蓝 / 菜心蒸熟，这个过程大概只需要 1~2 分钟，如果你使用的是分层的可以蒸食物的锅也可以。烹饪程度适宜的绿叶菜应保持深绿色并且水分充足生机勃勃，一旦蔫了或呈现黄绿色就代表烹饪的程度过头了。多下厨你会找到感觉的！

3. 蒸蔬菜的过程中制作酱汁，在一个小碗中混合姜丝、酱油、芝麻油和水。

4. 蔬菜蒸好后，关火出锅装盘。

5. 淋上酱汁并用香脆的芝麻装饰，酱汁也可以放在一边蘸用。

　　蒸是一种较为中立温和的烹饪方法，尤其适合处理像绿叶蔬菜这类较为纤柔的食材。从季节的角度考虑，这种快速、清淡、湿润的烹饪方法在春夏最为适宜。

　　我们创作的食谱都在不失美味的前提下尽量简便制作步骤，目的是鼓励大家都能下厨动手制作，尝尝自己亲手烹饪的健康美食。酱汁往往是一道菜健康与否的关键，赶快学起来，就可以举一反三在烹饪其他绿叶菜的时候搭配享用啦！

汆烫芥蓝
佐纯素豆腐美乃滋酱

食材

- 1 把芥蓝 / 菜心，洗净并粗略地分离叶片
- 7~10 厘米深的水盛入锅中，或足够可以烫熟蔬菜的水
- 1 小撮海盐
- 2~3 汤匙纯素豆腐美乃滋酱

做法

1. 锅内盛入水，开大火煮沸后将火调小。

2. 加入 1 小撮海盐并准备汆烫蔬菜。

3. 将蔬菜分次放入水中烫熟，一次放一点，烫 1 分钟即可，重复几次直到将所有的蔬菜烫熟。汆烫是个快速在热水中烫熟蔬菜的烹饪方法，不要煮得过熟，我们需要蔬菜保留微脆的口感和深绿的颜色。

4. 关火出锅摆盘，搭配豆腐美乃滋酱即可享用。

纯素豆腐美乃滋酱

食材

- 1 盒嫩豆腐，滤干水分
- 2 茶匙第戎芥末酱（法式黄芥末）
- 3 汤匙葡萄籽油 / 橄榄油
- 1 汤匙苹果醋
- 3/4 茶匙海盐
- 适量黑胡椒（可选）

做法

在搅拌机中加入所有食材并搅拌均匀，直到呈现柔滑绵密的酱汁质地即可。制作好的纯素豆腐美乃滋酱可以放入玻璃罐中在冰箱内冷藏 3~5 天，可在任何食谱中替代传统美乃滋酱。

要记得一日三餐都需要摄取绿色蔬菜哦，至少保证一天内的两餐，任何两餐都可以。早餐时有新鲜蔬菜作为搭配，对身体健康十分有益。

将氽烫蔬菜与纯素豆腐美乃滋酱搭配在一起，对不爱吃蔬菜的朋友，尤其是小朋友而言是个不错的创意，可以帮他们慢慢接受看起来好似十分无趣的绿叶菜。至少我身边曾有这样的例子，一个小朋友试过这道菜后说："只要有这么好吃的酱，什么蔬菜我都愿意吃！"

汆烫芥蓝

佐苹果
酸梅
味噌酱汁

食材

- 1 把芥蓝 / 菜心，洗净
- 1~2 量杯水，能足够覆盖锅底，用于汆烫芥蓝
- 1 汤匙淡味噌
- 1/2 量杯新鲜苹果汁（鲜榨的苹果汁效果最佳，如果没有，也可以将半个苹果与 1/3 量杯的水用搅拌机搅拌成苹果泥替代使用）
- 1 片新鲜姜片（可选）
- 1 颗日本酸梅，去核
- 适量海盐和胡椒，用于调味（不需要很多海盐，因为酸梅和味噌都含有盐分）

做法

1. 锅中盛入水，开大火煮沸后将火调小。

2. 加入 1 小撮海盐并准备汆烫蔬菜，用中火烫 1~2 分钟即可，请确保蔬菜不要煮得太烂，需保留微脆的口感和深绿的颜色。

3. 煮蔬菜的过程中准备酱汁，在一个小碗中或小的搅拌机中加入蔬菜之外的其他食材并搅拌均匀（这个酸甜的酱汁十分适合搭配沙拉食用，可以多做一些并放入玻璃罐中在冰箱内冷藏保存）。

4. 蔬菜烫熟后，关火出锅摆盘，并将酱汁放在旁边搭配享用。

　　酸梅、苹果和味噌在味蕾上的呈现各有不同，但搭配在一起却非常平衡，兼备咸、酸、甜和其他丰富且微妙的味道。这样的酱汁百搭，无论是作为蔬菜蘸酱还是沙拉酱汁，都很棒。

　　日本酸梅是自然平衡饮食中最重要的一种食材，由青梅经过盐和紫苏叶腌制发酵而成，新鲜的梅子呈现翠绿色，经过发酵后变成粉色。它具有极强的碱性，具有排毒功效，能够舒缓消化道，Kimberly 每次搭乘飞机出行时都会把它当成必备品随身携带。

　　天然发酵的酸梅在日本常作为调味料使用，你可以在寿司和饭团中见到，也可以在酱汁中尝到。我们强烈推荐这个酸甜可口的酱汁，试试看，说不定你会因此打开吃蔬菜的新世界！

上海青（油菜）

上海青
黑米
"菜泡饭"

食材

- 1 量杯煮熟的黑米饭（剩饭最佳）
- 2.5 量杯水
- 1/2 量杯红薯，洗净并切成小块
- 1 量杯上海青，洗净并切碎
- 1 个香菇，洗净并切片
- 1 平汤匙淡味噌酱
- 适量切碎的葱末 / 香菜碎和白芝麻，用于装饰

做法

1. 在一口汤锅中加入水并将其煮沸。
2. 加入切块的红薯，将其煮软。
3. 再加入切片的香菇，将其煮熟。
4. 接着加入煮熟的黑米剩饭，和之前的食材一起搅拌均匀，再煮 3~5 分钟。
5. 这时可加入切碎的上海青，持续搅拌等到蔬菜的颜色变成深绿色并变熟即可。
6. 关火，加入淡味噌酱，搅拌均匀。
7. 出锅摆盘，将黑米菜泡饭倒入一个碗或深一点的盘子中，用葱末 / 香菜碎和白芝麻装饰即可享用。

菜泡饭是上海地区和中国南方其他一些城市常见的早餐，但传统的菜泡饭是用精制白米饭、剩菜如猪肉、上海青或其他叶类蔬菜做成的，饭店中做的菜泡饭通常咸度过高甚至加了味精和其他添加剂，肯定算不上是健康早餐。

我们将菜泡饭称为中式烩饭，因为它的口感和意大利烩饭类似，比一般的粥更黏稠，黏稠度差不多和西式料理中常常见到的燕麦粥类似，而且有蔬菜在里面。

这道菜肴中我们使用了全谷物（黑米，当然你也可以用糙米）、红薯、菌菇和叶类蔬菜，而且咸鲜味来自天然发酵的淡味噌酱。经过这样的食材大换血，我们可以保证这个版本的菜泡饭比一般的菜泡饭要健康很多！

上海青蔬菜饺子

你可以提前做好很多的蔬菜饺子并放入冰箱冷冻保存，吃之前只需煮熟即可，既方便快速又不失营养，煮的时间需要更久才能熟透。

食材

- 1 把上海青（大约 5~6 棵），洗净并切碎

- 8 个香菇，洗净并切碎

- 8~10 块豆腐干（棕色的干豆腐），洗净并切成小丁

- 3 根小葱，洗净并切末

- 2 汤匙酱油，用于调味

- 1 汤匙芝麻油

- 适量海盐和胡椒，用于调味

- 20 个饺子皮

- 各 2 汤匙中国老陈醋、酱油，混合均匀作为蘸料，如果喜欢吃辣也可以加入辣椒酱，任何你喜欢的健康蘸酱都可以搭配饺子享用，请根据人数调整比例

做法

1. 请将蔬菜都切成相近的大小，这样更容易包进饺子皮。

2. 将 4 种蔬菜洗净并切好后放入一个大的搅拌碗，加入酱油、芝麻油、海盐和胡椒。

3. 在一口汤锅中加入水，开火煮沸用于稍后煮饺子，如果你还没有包完饺子可以先关火并盖盖子保温。

4. 将饺子皮放在竹子或高粱秆做的篦子上，上面可以铺一块棉布，以防饺子粘在一起破皮。

5. 煮水的过程中包饺子，用一个茶匙舀一勺蔬菜饺子馅放在饺子皮中心，并用将手指沾水涂在饺子皮四周，接着用手指将饺子捏合在一起。一次不要试图放太多饺子馅以免漏出来。额外准备一碗水放在旁边用于黏合饺子皮。

6. 将包好的饺子排列放好，开始下锅煮饺子，如果饺子比较多不要一次全部下锅，分次放入煮熟以免粘锅。

7. 饺子煮好后，用漏勺舀出来放入大盘子上，蘸料放在旁边作为搭配。

8. 依照这个食谱可以制作 15~20 个饺子，我们尽量保证蔬菜分量相近，但你可以根据自己的喜好调整蔬菜的比例。

空心菜

咸味蔬菜玛芬蛋糕

食材

- 1/2 量杯全麦面粉（如果你需要制作无麸质的版本，可以使用鹰嘴豆粉，只是口感不如全麦面粉制作得那么蓬松）

- 1 汤匙营养酵母粉，用于增加鲜咸的芝士味道（可选）

- 2 汤匙空心菜，洗净并粗略切碎

- 1/2 量杯胡萝卜，擦成丝

- 1 汤匙小葱，切成葱末

- 1/2 茶匙泡打粉

- 1/2 茶匙干的百里香

- 1/2 茶匙黑胡椒

- 1/3 量杯橄榄油

- 2 个亚麻籽素鸡蛋（2 汤匙亚麻籽粉加上 6 汤匙水，搅拌均匀）

- 1/2 量杯你喜欢的纯素豆 / 坚果奶（如豆奶、杏仁奶、腰果奶）

- 1/2 量杯水

图中所示的是我们用全麦面粉制作的金黄可口的蛋糕，但如果你倾向无麸质版本，只需要把全麦面粉换成鹰嘴豆粉就可以，只是口感会更扎实，颜色也会更淡一些，不过美味程度绝对不会打折。

我们期待大家能尝试这个食谱，当然也可以将空心菜和胡萝卜替换成其他你喜欢的蔬菜。烘焙并不难，只需要从现在开始大胆发挥你的创造力！

做法

1. 将烤箱预热至 180 摄氏度，并准备好玛芬蛋糕模具。

2. 将亚麻籽粉和水混合制作成纯素亚麻籽鸡蛋，它的质地像鸡蛋液一样，但颜色呈现深棕色。

3. 在一个大的搅拌碗中放入所有干性食材，即全麦面粉 / 鹰嘴豆粉、营养酵母粉、盐、胡椒、干的百里香和泡打粉，并搅拌均匀。

4. 接着将湿性食材慢慢倒入搅拌碗中，即纯素豆 / 坚果奶、橄榄油和亚麻籽鸡蛋，并混合均匀。

5. 接着将空心菜、葱末和胡萝卜丝慢慢拌入，搅拌均匀直到呈现面糊的质地。

6. 用勺子将面糊舀入玛芬蛋糕模具中装满。

7. 放入烤箱用 180 摄氏度烘焙 45~50 分钟直到呈现金黄色，你可以用一个牙签插入玛芬蛋糕的中心测试是否烤好，当牙签拔出没有粘连湿润的面糊就证明烤好了。

8. 关上烤箱，取出玛芬蛋糕并放在一边 10~15 分钟，使之自然冷却。

9. 可以在早、午、晚餐享用，当然也是健康又好吃的零食！

10. 按照这个食谱可以制作 10~12 个玛芬蛋糕。

　　想不到吧，新鲜蔬菜还可以做成玛芬蛋糕，这样有趣的吃法不相信你会不想试试看！空心菜是一种中式蔬菜，当然它也是一种超级食物，做成咸味玛芬蛋糕，可以十分方便地带到学校和办公室或是瑜伽课后享用！

　　虽然在中国大家一提到玛芬蛋糕就会联想起巧克力或蓝莓口味，但实际上，玛芬蛋糕并不是只能做成甜的，飘着香草气息的蔬菜咸味蛋糕一样可以很好吃！

中国白菜

在中国及亚洲许多国家，有很多种类的白菜被种植和使用。我们希望通过研发更多健康酱汁和搭配创意，帮助大家爱上在日常生活中多吃白菜而从不感觉单调无聊。在本章节中，你将看到许多与白菜有关的创意搭配，还有沙棘、枸杞等超级食物的身影。别犹豫了，赶快与我们一起下厨吧！

酸甜浇汁
娃娃菜

食材

- 1 棵娃娃菜，洗净并分离叶片

- 1 汤匙枸杞，提前浸泡使之胀开
  并变软

- 1 段约 5 厘米长的胡萝卜，洗
  净并切块（不用在意切块的厚
  度和美观，之后需要将胡萝卜
  烫熟并搅成泥）

- 3 片新鲜姜片

- 1~2 汤匙沙棘原浆 / 汁（可选，
  但强烈推荐，沙棘在中国本土
  有种植，在网上商城可以买到
  有机的优质产品）

- 1 小撮海盐和胡椒，用于调味

- 1 茶匙枫糖浆

- 1 汤匙糙米醋

- 1 茶匙酱油（可选，如果你希望
  除了酸甜口味以外还有些咸味）

- 1/2 锅水，用于烫熟蔬菜

做法

1. 将锅中的水烧开，准备烫熟蔬菜。

2. 先将胡萝卜烫熟，变软即可但不要太烂，取出放入碗中待用。

3. 在搅拌机中加入枸杞、盐、胡椒、枫糖浆、生姜、酱油和糙米醋，搅拌至完全融合。

4. 再将烫熟的胡萝卜放入搅拌机，与酱汁一起搅拌成红色的黏稠的酱汁，取出放入碗中。

5. 接着将娃娃菜快速烫熟，确保不要加热太久以防娃娃菜变得太烂。

6. 关火出锅摆盘，将酱汁淋在娃娃菜上。可作为配菜享用，与糙米饭搭配也很合适。

沙棘是超级食物中的超级明星，含有令人惊喜的超高维生素C，比枸杞（已在全球被认可为经典超级食物）还有营养，并且它的酸度很高，用来做酱汁堪称完美！你可能暂时对它还很陌生，但尽管试试看做成酱汁搭配蔬菜和沙拉吃，你不会后悔的。

我们在这道菜肴中将沙棘汁与枸杞和胡萝卜进行了搭配，既中和了酸度又保持了食材本身鲜艳的颜色，浇在仅仅用水焯熟的娃娃菜上，弥补了平淡的味道缺陷。

味淋快炒圆白菜

食材

- 1/2 棵圆白菜，洗净并切成中等大小的白菜丝（如图）
- 1~2 汤匙味淋（一种日式调味料，用米做成的调味米酒）
- 1/2 汤匙酱油
- 4 汤匙水
- 1 汤匙芝麻油 / 黑芝麻油
- 1 小撮海盐
- 适量葱末，用于装饰（可选）

做法

1. 在一个中等大小的平底锅中加入芝麻油。
2. 加入圆白菜并翻炒。
3. 根据情况可加入一点水，以免白菜变得太干甚至被炒煳，盖上锅盖半炒半蒸 1~2 分钟。
4. 当白菜变软但仍旧保持鲜艳的颜色就差不多炒好了，用酱油、味淋和海盐调味。
5. 关火出锅摆盘，可用葱末装饰，作为配菜享用。

记得在关火出锅前再加入味淋，如果在锅中加热太久，味淋独特的微甜尾韵就会蒸发，消失不见哦。你在日本食品超市和网上商店都可以找到，只是切记付款前先看看配料表，请选择有机的，没有添加剂，没有额外加糖的产品，颜色应是淡黄色。在日本料理中味淋十分常见，可以替代醋或柠檬汁。感兴趣的话你也可以在厨房里准备一瓶，开始你的美味探索之旅吧！

各类白菜都是我们的爱，这道菜肴又一次证明了它在烹饪上的超强可塑性。食材简单、制作方便、美味下饭，绝对算得上本书中最省时最快手的菜肴之一。别小瞧它的调味简单，味淋可是起到点睛之笔作用的秘密之处！

本菜的灵感来源于 Kimberly 的自然平衡饮食导师 Horriah Nelissen 女士，她常常做来配上一碗全谷物主食享用。第一次吃到就爱上了它简洁却不简单的口味，白菜的纤维在口中保持着爽脆，真的非常好吃。

大白菜
鹰嘴豆粉薄松饼

食材

- 1/2 量杯鹰嘴豆粉
- 1/2 量杯水
- 1/2 量杯大白菜，洗净切成较短的细丝
- 1/2 茶匙海盐
- 1 小撮黑胡椒
- 1 小撮白胡椒
- 1 小撮姜黄粉（可选）
- 适量葱末和 / 或海苔粉（将用于制作寿司的海苔片切成碎屑也可以）
- 1 茶匙葡萄籽油 / 葵花籽油

做法

1. 按食谱要求准备好大白菜，如果喜欢海苔味又没有现成的海苔粉，请将制作寿司的海苔片处理成较小的碎屑。

2. 在一个中等大小的搅拌碗中加入鹰嘴豆粉和水并混合均匀，直到没有鹰嘴豆粉块凝结。

3. 在鹰嘴豆面糊中加入白菜丝搅拌均匀，并用海盐、黑胡椒、白胡椒和可选的姜黄粉调味。

4. 在平底锅中加入油，开火热油，锅热后将鹰嘴豆粉糊慢慢倒入锅的中间部分，并摊开呈现出一个薄饼的大小。

5. 加入葱末，当一面松饼煎好时翻过来煎另一面。

6. 如果你选择使用海苔粉 / 碎屑，等大概 1 分钟差不多松饼煎好时，撒在饼上，这样会呈现出漂亮的海苔墨绿色，松饼也会带有浓浓的海苔鲜味。再次将松饼翻面并调至小火。

7. 最后用小火再次煎 1 分钟，关火出锅，切成三角形后将撒海苔的那一面朝上摆盘。搭配你喜欢的酱汁享用，当然松饼本身已经香气扑鼻了，单独吃也很美味。

我们喜欢葱香四溢的中式葱油饼和软香可口的日式杂菜煎饼，但两种饼都需要使用很多精制白面粉、大量的油、动物制品和 / 或乳制品。在此，我们稍做调整，将白面粉替换成植物蛋白丰富的鹰嘴豆粉，并添加了膳食纤维丰富的大白菜，只需简单的调味即可。简单的食物往往也是最好的，希望你们喜欢！

红苋菜

豆腐苋菜
纯素烘蛋饼

- 1 块 400 克的老豆腐，豆腐不能有太多水分，因此需要在豆腐上下各放一个盘子，并在上面的盘子上再放一个有些重量的物体，持续按压 30 至 60 分钟以挤出更多水分达到更适合的硬度

- 2 汤匙酱油

- 2 汤匙营养酵母粉 / 薄片

- 1 汤匙玉米淀粉或葛根粉

- 1/2 茶匙姜黄粉（可选，但我们建议使用，因为姜黄具有类似烘蛋的金黄色）

- 1 汤匙橄榄油

- 1 个中等大小的土豆或红薯（大约 225 克），洗净去皮并切块

- 1/2 个白洋葱或红洋葱，洗净去皮并切碎

- 2 瓣大蒜，去皮并切末

- 2 根小葱，洗净并切末

- 1 个红彩椒，洗净并切块

- 2 量杯红苋菜，洗净并切碎

- 1/4 茶匙黑胡椒

- 1 小撮海盐

- 1 小撮你喜欢的干的西式香料，我们推荐百里香、鼠尾草、牛至叶

做法

1. 将烤箱预热至 180 摄氏度。

2. 将再次处理的老豆腐、酱油、营养酵母粉、玉米淀粉 / 葛根粉和姜黄粉放入一台食物料理机中，用 S 形刀片而不是四叶刀片进行搅拌，因为四叶刀片会将食材搅碎成思慕雪的质地，而我们只需将食材轻微搅碎并混合均匀即可。

3. 在平底锅中加入橄榄油，开火热油，接着加入洋葱和土豆，翻炒至洋葱散出香味并呈现金黄色。

4. 再加入蒜末、葱末、红椒碎、红苋菜碎和黑胡椒，快速翻炒 30 秒后关火。

5. 在一个大的搅拌碗中（如果你的食物料理机足够大，也可以将炒好的蔬菜直接放入食物料理机），混合均匀豆腐混合物及炒好的蔬菜，直到呈现出厚重黏稠的蔬菜糊质地。

6. 将一个直径为 9 英寸（约 23 厘米）长的圆形模具刷油，倒入蔬菜糊并抹平。

7. 放入烤箱烘烤 35 分钟直到表面呈现金黄色，中心部分凝固成型即可，可用叉子测试。

8. 烤好后取出模具，自然放置 10~15 分钟使之冷却，之后脱模、切块即可享用。

　　这道菜肴的灵感来自 Happy Buddha 的朋友们。Happy Buddha 是上海一间运营至 2018 年的美式素食咖啡厅，感谢 Ben 和 Lindsey 在过去持续为我们提供健康的美式风味美食。我们希望 Ben 和 Lindsey 还有大家喜欢这个中国超级食物版本！

芹菜

芹菜
南瓜
炒豆干

食材

- 250 克豆腐干（大约 5~6 片），切成细条

- 8 根芹菜，洗净并切碎（从根茎到叶子都可以吃，不要浪费）

- 2 量杯白胡桃南瓜，切片或切成细条

- 1/2 个红洋葱，洗净去皮并切碎（保持和其他蔬菜相近的大小）

- 1 汤匙芝麻油或葡萄籽油 / 葵花籽油

- 适量海盐和胡椒，用于调味

- 1/2 茶匙鼠尾草粉 / 干的鼠尾草

- 适量新鲜姜片（可选）

- 1 量杯水，放在一旁备用以防平底锅中的蔬菜在烹饪过程中太干

做法

1. 在平底锅中加入油，开火热油。

2. 加入洋葱碎翻炒，直到香味散出并呈现半透明状（如果你准备了生姜，请与洋葱一起翻炒）。

3. 加入南瓜和一点水，盖上锅盖加热 1 分钟，半炒半蒸让南瓜变熟。

4. 再加入豆腐干和芹菜，翻炒均匀。

5. 加入盐、胡椒和鼠尾草调味。

6. 关火出锅摆盘。像图中所示的那样，与一碗热腾腾的黑米饭搭配享用，真是既漂亮又美味！

　　这是 Kimberly 最喜欢的一道菜肴，几年前她在自家厨房做饭时利用手边现成的食材制作而成。鼠尾草略带草药香味，在许多国家料理中都很常见，尤其适合熬汤和制作具有疗愈功能的食物。不过，它是最近几年才在中国和亚洲料理中被使用的。

　　我们在此将中西式食材加以结合，获得了令人惊喜的创意味道。如果你平日工作忙碌，我们推荐你多做一些并放在冰箱冷藏起来，只要加热搭配全谷物主食如糙米饭、黑米饭、小米、藜麦等，就能轻而易举吃到非常健康的一餐。还有一个小贴士分享给你，加热后撒一些新鲜的香菜碎或葱末，香气更浓哦！

沙拉食材

- 1 个苹果，洗净并切成火柴杆状
- 与苹果相近分量的芹菜，洗净并切成与苹果相近形状和大小的细条
- 1 把葡萄干（可选，也可以根据自己口味喜好调整分量）
- 适量纯素美乃滋酱

纯素美乃滋酱食材

- 1 盒嫩豆腐，滤干水分
- 2 茶匙第戎芥末酱（法式黄芥末）
- 3 汤匙葡萄籽油 / 橄榄油
- 1 汤匙苹果醋
- 3/4 茶匙海盐
- 适量黑胡椒（可选）

沙拉做法

1. 按照食谱制作好纯素美乃滋酱。
2. 洗净并切好苹果和芹菜。
3. 在一个搅拌碗中加入蔬菜和沙拉酱并混合均匀。
4. 摆盘，作为配菜享用。

纯素美乃滋酱做法

在搅拌机中加入所有食材并搅拌均匀，直到呈现柔滑绵密的酱汁质地即可。

芹菜苹果沙拉

中式芹菜与西式又粗又长的芹菜相似，但更细更软、味道更强，可炒菜可凉拌，常在亚洲料理中被使用。

我们喜欢芹菜脆脆的充满水分的口感，而且富含矿物质，对身体大有益处。这道沙拉菜肴低脂低油，适合爱吃会吃又懂得保持好身材的我们！

越南风味芹菜沙拉

这道菜肴充满夏季的活力，色彩明艳口感清新，无论是作为工作日午餐还是夏日派对食物，都绝对抢眼！

酱汁食材

- 4 汤匙新鲜青柠汁
- 1 汤匙糙米醋
- 2~3 茶匙酱油
- 1 茶匙芝麻油
- 2 汤匙椰糖
- 1 茶匙新鲜蒜末
- 1 茶匙新鲜姜末
- 2 汤匙红洋葱碎
- 1 茶匙香茅碎

沙拉食材

- 2 棵小一点的大白菜，切成细丝
- 1 把芹菜，洗净并切碎
- 1 根中等大小的胡萝卜，洗净去皮并切成细丝或火柴杆状
- 1 个西柚，切成小的柚子角
- 各 1 小把新鲜罗勒、薄荷和香菜，洗净并用手撕碎，请确保香草的新鲜度
- 1 根中等大小的黄瓜，洗净并切成细丝
- 1 根红辣椒，洗净并切碎
- 1/2 量杯的腰果，粗略切碎
- 1/4 量杯干炒 / 烤香椰丝
- 适量青柠角用于装饰

酱汁做法

在一个小碗中加入所有食材，用叉子混合均匀。如果有一台小型搅拌机更好，可以又快又好地融合所有食材，搅拌至呈现出顺滑的酱汁质地即可，之后与沙拉混合。

沙拉做法

1. 将大白菜、芹菜、胡萝卜、香草、黄瓜、柚子、辣椒、腰果与制作好的沙拉酱汁混合均匀。

2. 摆盘，用椰丝装饰。剩余的酱汁和切好的青柠角可放在一旁搭配享用。

苦瓜

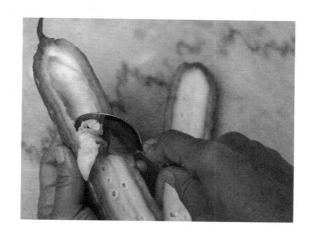

　　你知道吗？苦瓜其实是一种水果。它在西方是广为知晓的超级食物，常常用于制作果汁和排毒饮品。在这个章节中，我们选用了 3 种独特的西式苦瓜烹饪方法分享给热爱中国超级食物的读者们。当然，如果你想了解传统的苦瓜制作食谱，知道应该问谁吧——你的祖母！

　　苦瓜富含多种营养元素，如铁、镁、钾和维生素 C，在蔬菜膳食纤维排名上也是名列前茅，此外，它的钙含量可是蔬菜的 2 倍！众所周知，苦瓜被证实有利于平衡血糖、降低胆固醇、净化肝脏、养护头发，是实至名归的中国超级食物！别忘了烹饪之前要把苦瓜清洗干净，并从中切开用一个小勺子将苦瓜籽清理干净。

　　接下来你将读到西式创意融合苦瓜菜肴和排毒饮品，请尽情享受吧！

苦瓜冷汤

用冷汤的形式来吃苦瓜真的很特别，尤其在炎炎夏日想喝汤但又忍受不了让人直冒汗的热汤时，苦瓜冷汤绝对可以让你顿时凉爽下来。冷汤源自西班牙料理，是一种制作清爽可口的生机夏季蔬菜冷汤的方法。我们使用中国超级食物——苦瓜制作冷汤，纤维更丰富，味道也更特别！

这个食谱还分了两类做法，你可以选择直接用生的苦瓜，也可以快速将其焯水。

食材

- 1 根中等大小的苦瓜，洗净并去籽，之后切片（不用在意切块的厚度和美观，之后需要将苦瓜搅拌做汤）
- 150 克或 16 个左右的樱桃番茄，洗净
- 2 根中等大小的黄瓜，洗净并去籽
- 1/4 个红洋葱，去皮并切碎
- 1 个红彩椒，洗净并去籽
- 1/2 茶匙孜然粉
- 2 汤匙新鲜香菜，洗净并切碎
- 适量海盐和胡椒，用于调味
- 2 汤匙橄榄油

做法

1. 准备好并洗净所有食材。

2. 将苦瓜放入一口中等大小的汤锅中快速焯水（可选，如果你想使苦瓜断生）。

3. 将所有食材放入搅拌机搅拌直到呈现顺滑绵密的汤的质地。如果你觉得太稠，可以加入一点水后再次搅拌，理想的冷汤质地应该比浓汤稀一些，但同样顺滑。

4. 装盘，用你喜欢的食材如小葱末、红椒碎、苦瓜薄片等装饰即可享用。

苦瓜沙拉

酱汁:

我们选择纯素豆腐美乃滋酱作为苦瓜沙拉酱（食谱如下），但与前面的版本略有不同，这次加入了一些辣椒油、更多的橄榄油和 1 大片红彩椒。你可以使用本书中提到的任何版本的纯素豆腐美乃滋酱，只是记得制作好之后放进玻璃罐在冰箱内冷藏保存。

备注：酱汁的黏稠度和含油度取决于你放了多少橄榄油，不用担心，纯素豆腐美乃滋酱没有使用鸡蛋、黄油和任何动物油脂，且豆腐也是无脂肪蛋白质，因此不用担心橄榄油会太过油腻。

沙拉食材

- 1 根中等大小的苦瓜，洗净去籽并切片

- 半锅中等汤锅的水，用于提前焯熟苦瓜

- 1/2 颗茴香头（主要使用茴香根部白色的部分，但如果买到的茴香头有叶子，也请使用不要浪费）

- 1/4 个白洋葱，洗净去皮并切碎

- 1/2 个红彩椒，洗净去籽并切成细条

- 1 汤匙小葱，切成葱末（可选）

纯素豆腐美乃滋酱食材

- 1 盒嫩豆腐，滤干水分

- 1 个红椒，洗净并切碎

- 1 茶匙辣椒油（如果你喜欢辣，可以酌情调整比例）

- 2 茶匙第戎芥末酱（法式黄芥末）

- 3 汤匙葡萄籽油 / 橄榄油

- 1 汤匙苹果醋

- 3/4 茶匙海盐

- 适量黑胡椒（可选）

沙拉做法

1. 在汤锅中快速焯熟苦瓜片直到苦瓜变熟，但不要煮得太烂，保持苦瓜翠绿的颜色。

2. 焯熟后取出，放在一边自然冷却。

3. 根据食谱准备好所有沙拉需要使用的食材。

4. 将沙拉装盘，淋上酱汁即可享用。这道沙拉菜肴适合每人一份，因为个人可以根据对苦瓜的接受程度调整酱汁的比例。

纯素豆腐美乃滋酱做法

在一个搅拌机中加入所有食材并搅拌均匀，直到呈现柔滑绵密的酱汁质地即可，可以在任何食谱中替代传统美乃滋酱。制作好的纯素豆腐美乃滋酱可以放入玻璃罐中在冰箱内冷藏 3~5 天。

苦瓜
柠檬排毒果汁

食材

- 1/2 根中等大小的苦瓜，洗净
- 1 根中等大小的黄瓜，洗净
- 2 根西芹，洗净
- 1 个红苹果，洗净并去皮
- 1/4 个柠檬，如果是有机柠檬可以不去皮，柠檬皮可以增加清新的风味
- 1 小撮黑胡椒（可选，能够减少苦瓜汁的辛涩）
- 适量生姜粉或 1 片新鲜姜片
- 适量水（根据情况可选，如果你想要稀一点）

做法

1. 将所有食材依次放入果汁机中。
2. 接入一个杯子或几个小杯子中混合均匀。
3. 由于每个人对苦瓜汁的接受程度不同，如果你想要稀释，可以加一些水，或者加入苹果汁或黄瓜汁调节口味，作为午后轻体排毒的健康加餐果汁饮用。

冬瓜

　　冬瓜在中国常用于制作汤羹、炒菜和炖菜。它具有超强的祛湿和夏季降温防暑的功效，是中国饮食文化中吃正确的食物能够帮助维持身体健康的经典例子，因此绝对可以被称为名副其实的超级食物。

　　冬瓜富含膳食纤维，能够利尿排毒，而且可以与许多蔬菜相配制作美食。传统中餐喜欢将它与豆芽搭配，不管是绿豆芽还是黄豆芽都可以。

　　冬瓜不需要很复杂的调味就可以很好吃，用盐和胡椒即可。也不必烹饪太久，保持清新爽口和微脆的口感是最好的。

冬瓜炒豆芽

食材

- 1 片冬瓜，洗净去皮并切成薄片或切成你喜欢的形状和大小（可参考图片）
- 2 把黄豆芽或绿豆芽，洗净并用手掰碎
- 1 瓣大蒜，去皮并切末
- 2 小撮黑胡椒（冬瓜与胡椒的味道很搭配）
- 1/2 茶匙海盐
- 1 汤匙芝麻油 / 葡萄籽油 / 米糠油
- 1 小杯水，放在一旁备用，以防平底锅中的蔬菜在烹饪过程中太干
- 适量葱末，用于装饰（可选）

做法

1. 平底锅中加入油，开火加热，锅热后加入蒜末。
2. 将蒜末炒香后加入冬瓜片并翻炒。
3. 如果锅内蔬菜变得太干，可以加入一点水以防炒糊。
4. 当冬瓜开始变软时，可以放入豆芽并继续翻炒。
5. 当所有蔬菜都达到半熟状态时，用盐和胡椒调味。
6. 直到所有冬瓜和蔬菜都变软即可，注意不要炒得太烂。
7. 关火，出锅摆盘，可搭配糙米饭或其他菜肴享用，如绿叶菜或书中前面列举的"芹菜、南瓜炒豆干"。

这道菜肴清新爽口、操作简单，而且选用的食材具有降暑祛湿的功效，非常适合在湿热的夏日食用。你可以根据喜好加入葱末、辣椒或其他你喜欢的香料进去调味和装饰。相信这样健康美味又快手的超级食物，能够让越来越多的年轻人享受到厨房中的乐趣与幸福感！

夏季排毒绿豆炖汤
印度扁豆烩饭风格

　　这道炖汤简单却不失美味，具有疗愈和排毒功效。在印度传统阿育吠陀料理中原本使用的是扁豆，但我们在这里稍做调整选用了绿豆。豆类和全谷类自古以来都是完美的组合，如果你想快速做一顿美味的料理或是正处于排毒和斋戒期，这款绿豆炖汤绝对适合你。不信你问问身边的瑜伽爱好者、烹饪达人还有独具生活智慧的长者们，他们都会称赞这样的食材搭配，并且还会果断告诉你"像这样简单却完整的食物恰恰是最棒的美味"。"kicharee"或"khichdi"在印度语中为"混合物"之意，作为料理则是滋养身心、易于消化、轻体排毒的一碗食。烹饪过程中你可以仅使用盐、胡椒和姜黄粉以保留原味，也可以自己发挥创意加入喜欢的香料创造出不同的风格。

食材

- 1/4 量杯绿豆
- 1/4 量杯糙米（糙米需提前浸泡过夜），也可以使用剩的糙米饭直接烹饪，请在绿豆煮好后加入
- 1 汤匙白洋葱，切碎（可选）
- 1 片月桂叶
- 1 小撮海盐和胡椒，用于调味
- 1 汤匙葡萄籽油或葵花籽油
- 各 1/2 茶匙印度香料：咖喱叶、丁香、肉豆蔻、孜然粉、芥末籽
- 适量香菜叶或葱末，用于装饰（可选）
- 适量柠檬汁，用于调味（可选）
- 4 量杯水，用于煮熟糙米和绿豆

做法

1. 平底锅中加入油，开火加热，锅热后加入月桂叶、洋葱和印度香料。

2. 翻炒大约 1 分钟直到洋葱变得透明，加入糙米和绿豆用中火不断翻炒 1~2 分钟。

3. 加入足够没过糙米和绿豆的水，就像蒸米饭那样，我们建议放入高于糙米和绿豆约 2.5 厘米的水。

4. 在水中放入盐并将水煮沸，盖上锅盖用中火焖煮约 30 分钟，过程中请不时检查以防水煮干，当水不够时可再加入一些水。

5. 如果你使用的是剩的糙米饭，需先将绿豆煮软（绿豆煮软大约需要 15~20 分钟，之后再放入糙米饭一起煮 5 分钟，这样一来可以重新加热糙米饭，二来可以将香料的味道煮进饭中）。

6. 如果你喜欢百合的味道，可以一起加入锅中煮 15 分钟。

7. 待绿豆和糙米饭都煮好后，关火出锅摆盘，挤一点新鲜柠檬汁并用香菜叶 / 葱末装饰，即可享用。

绿豆泥卷饼

　　有一年夏天，我煮了太多的绿豆（每到夏季我都会做绿豆和薏米汤消暑排湿），为了消灭它们无意间发明了绿豆卷饼，没想到太好吃了，我非常喜欢。所有的豆类都可以拿来做豆泥，抹在三明治或卷饼里超赞！

　　你可以一次多做一些，将 1~1.5 量杯的绿豆放进锅里煮熟也没问题，煮好的绿豆可以炖汤、做甜品以及其他多种菜肴，比如我们改良版的墨西哥绿豆卷饼就是很好的创意！

食材

- 1/2 量杯煮熟的绿豆（可以是提前煮好的剩绿豆，也可以用现煮的绿豆，无论哪一种都需要保证煮得非常软烂）
- 1 茶匙葡萄籽油 / 葵花籽油
- 1/3 个白洋葱，切碎
- 1/4 茶匙孜然粉
- 1/4 茶匙红椒粉
- 1/4 茶匙姜黄粉
- 1/4 茶匙牛至叶粉（可选，但这是 Kimberly 最喜欢的香料，她强烈推荐）
- 1 小撮盐和黑胡椒
- 1/4 个红彩椒，洗净并切成细条
- 适量混合生菜叶（足够制作 2~3 个卷饼的分量），洗净并分离每片叶片
- 其他你喜欢包在卷饼里的蔬菜，如黄瓜条或芽苗
- 2 张全麦或玉米墨西哥卷饼

做法

1. 平底锅内加入油并开火热油，加入洋葱翻炒 1~2 分钟直到散出香味，再加入孜然粉、红椒粉和姜黄粉并翻炒均匀。

2. 加入煮熟的绿豆（我们希望绿豆被煮到差不多成泥的质地），如果太干可以加入一点水。

3. 加入 1 小撮盐和黑胡椒调味。

4. 关火，准备制作蔬菜卷饼。

5. 拿 1 片卷饼，先放适量混合生菜叶，接着用勺子舀一些绿豆泥放在生菜叶的中心，最后铺上红彩椒条、生菜和其他你喜欢的蔬菜。

6. 从一端卷起卷饼，卷得紧实一些并确保馅料不会漏出来。如果你想带在路上当午餐或晚餐吃，可以用锡纸包起来放在盒子或袋子中。

这道卷饼菜肴具有中国风和墨西哥风的结合。适合一个人吃，也适合和家人朋友分享，你当然也可以一次做多一些带去上班、上学或旅行。豆泥的内馅为我们提供充足的蛋白质，而制作卷饼的过程就像卷寿司一样轻松有趣，真是美味又营养！

赤小豆|红豆

红豆泥可丽饼

食材

- 1 杯煮得非常软烂的红豆（将 1/2 量杯的赤小豆 / 红豆提前浸泡过夜，之后与 3 量杯水一起煮熟变软）
- 1 小撮肉桂粉
- 3 汤匙糙米糖浆（如果红豆泥太干，可以加入一点水混合均匀）
- 1 个亚麻籽鸡蛋（1 汤匙亚麻籽粉加上 3 汤匙水，搅拌均匀）
- 1/2 量杯荞麦面粉（你也许需要多准备一点面粉放在旁边备用，以防坚果奶或者香蕉水分太多）
- 1 茶匙泡打粉
- 1 根熟透的香蕉
- 1/3~1/2 量杯坚果奶（我们推荐杏仁奶、腰果奶、火麻仁奶，但一定要慢慢将坚果奶加入面粉中，以防面糊变得太干或太稀）
- 适量椰子油或葡萄籽油，用于煎松饼
- 适量蓝莓、无糖椰蓉、核桃和 / 或糙米糖浆，用于装饰

** 可以制作 5~6 个小的松饼

做法

1. 先制作红豆泥，将煮熟的红豆、肉桂粉、糙米糖浆和一点水混合均匀，用叉子边碾压边混合，直到呈现出黏稠的质地。
2. 再制作亚麻籽鸡蛋，将亚麻籽粉和水在一个小碗中混合均匀，放在一边让它慢慢变得黏稠，直到形成像啫喱一样的质感（也可以提前一晚制作并放在冰箱中过夜，这样质地会变得更加黏稠）。
3. 在一个大的搅拌碗中加入荞麦面粉和泡打粉，搅拌均匀。
4. 将香蕉压碎成泥，也加入面粉中。
5. 接着加入坚果奶和亚麻籽鸡蛋。
6. 将所有食材混合均匀，这时混合物的质地应像是流状的稀面糊。
7. 在一个平底锅里加入一点油，开中火热油，将面糊放在平底锅中间，慢慢转动平底锅使面糊摊开抹平。制作的可丽饼大小取决于个人喜好，但最好薄一些，这样更容易对半折起来。
8. 当面糊上出现小泡泡时，松饼的一面就煎好了，将松饼翻过来继续煎另一面，直到两面都呈现金黄色。煎好后出锅放在盘子中待用。
9. 煎好全部的松饼后，将红豆泥放在松饼中间并对半将松饼折起来。
10. 用蓝莓、无糖椰蓉、核桃和 / 或糙米糖浆进行装饰，即可享用。

红豆炖南瓜

红豆炖南瓜是自然平衡饮食的经典菜肴之一，与传统中国人用红豆来做甜品、布丁、甜汤不同，红豆也可被用来做咸味料理。

红豆和南瓜自带优质蛋白质和淀粉，两者和酱油的结合使得炖菜的口感非常饱满浓郁，咸中带着天然的甜味。

如果你没有昆布也没关系，月桂叶同样能够增添香气，不过昆布的优势在于除了带来海水的咸味还为菜肴添加了丰富的矿物质。此外，它还有一个独特之处，就是减少吃豆子会胀气的问题。

食材

- 150 克南瓜，洗净并切成一口大小的块状
- 1/2 量杯干的赤小豆 / 红豆，最好提前浸泡 6~8 小时
- 1 片月桂叶
- 1 片约 5 厘米长的昆布（可选，它能够使红豆更易煮熟煮软）
- 1/2 茶匙干的牛至叶
- 1 小撮海盐
- 1~2 汤匙酱油，用于增添炖菜的咸香味
- 1/2 量杯水

做法

1. 将赤小豆 / 红豆、水、月桂叶和昆布放入高压锅中炖 12~15 分钟（用普通汤锅也可以，只要能够将豆子彻底煮熟煮软，较高压锅而言会花费更长时间）。

2. 煮好后打开锅盖（打开高压锅锅盖时请注意安全）检查豆子是否被彻底煮熟煮软，如果没有则再延长烹饪时间。

3. 当豆子煮至 8 成熟时，加入南瓜块继续炖 5 分钟，如果水不够可以再加入一些水以防煳锅。

4. 加入酱油、盐、牛至叶调味，搅拌均匀。

5. 将所有食材混合后再炖 2~3 分钟，使之完全入味且口感软烂。

6. 关火出锅装盘，搭配糙米饭或黑米饭一起享用会非常棒。

红豆
黑芝麻思慕雪

这款思慕雪结合了黑芝麻、红豆和红枣，口感微甜、绵密、顺滑、香浓。黑芝麻与白芝麻的味道具有很大的差异，如果你喜欢黑芝麻可以多加一些，食用黑芝麻还能够呵护头发，由内而外滋养气血和阴性能量。

在繁忙高压的生活中我们的能量常常处于较低的层次，核桃不仅具有温肾功效，还能够提升我们的能量。丁香在食谱中为可选食材，我们建议使用，因为它能够使身体发热，促进气血循环。

食材

- 1 汤匙黑芝麻粉
- 1/4 量杯煮熟的赤小豆 / 红豆（如果你希望思慕雪的质地更稠，可以多加一点红豆）
- 1 量杯煮赤小豆 / 红豆的水（自然放凉）
- 1/2 量杯水
- 1 汤匙核桃碎（最简单的方法是将核桃放入袋子里，用勺子或刀背压碎，当然也可以用搅拌机略微搅碎）
- 4~5 颗中国红枣，洗净去核
- 1~2 汤匙糙米糖浆，非纯素者也可以选用蜂蜜（可选，但我们强烈建议使用）
- 1/4 茶匙丁香粉或 1~2 粒丁香（可选）
- 1 茶匙纯的黑芝麻酱（可选，可以加强黑芝麻的颜色）

做法

1. 将所有食材放入搅拌机中搅拌，直至呈现出思慕雪顺滑、绵密的质地。
2. 红豆的大小会影响思慕雪的稠度，如果你觉得做好的思慕雪太稠，可以额外加入一点水并再次搅拌均匀。

黑豆 | 黑豆、红薯、大葱孜然炖菜

食材

- 3/4 量杯干黑豆，提前浸泡 6~8 小时（或 1 听熟黑豆罐头，我们不建议使用罐头制品，因为从食物能量的角度来说，罐头食品不如新鲜烹饪的食物好，但如果你完全是料理新手，可以从使用罐头开始慢慢练习）
- 1/2 个白洋葱，去皮并切成小块
- 1/2 根大葱，洗净并切片
- 1 个中等大小的红薯，洗净去皮并切成小块
- 1 片月桂叶
- 适量盐和黑胡椒，用于调味
- 1/2 茶匙孜然粉 / 孜然籽
- 适量小葱，切成葱末，用于装饰
- 4 量杯水
- 1 汤匙橄榄油 / 葡萄籽油 / 葵花籽油

做法

1. 将浸泡黑豆的水滤干，接着将黑豆放入高压锅或中等大小的汤锅中，加入水和月桂叶，煮至黑豆达到 90% 的熟度和软度（使用高压锅大约需要 20~25 分钟，使用普通的汤锅则需要 35~40 分钟）。
2. 煮黑豆的同时，在一口小的平底锅中加入油，开火热油，待锅热后加入洋葱翻炒 1 分钟，接着加入大葱继续翻炒 2~3 分钟，在这个步骤中蔬菜只需炒至半熟即可，关火等黑豆煮好。
3. 当黑豆煮好后，将炒好的洋葱、大葱和准备好的红薯放入锅中，中火焖煮 8~10 分钟使红薯变熟。
4. 加入盐、胡椒和孜然调味并搅拌均匀。
5. 检查黑豆和红薯是否全部被煮至完全软烂，关火出锅装盘，可搭配糙米饭、沙拉或绿色蔬菜一起享用。
★ 根据食谱可以制作 4 人份的炖菜。

豆腐│豆制品

炒豆腐

食材

- 1 块老豆腐，滤干水分，豆腐上下各放一个盘子，并在上面的盘子上再放 1~2 个碗作为重物，持续按压 30~60 分钟，注意清理从豆腐中挤出的水分，出水后水分变少更易制作炒豆腐
- 1/2 个白洋葱，去皮并切碎
- 1/2 根胡萝卜，洗净去皮并切成薄片（大约需要 1/2 量杯萝卜片）
- 1/2 量杯新鲜或冷冻豌豆
- 1/2 茶匙姜黄粉
- 1 根小葱，洗净并切末，用于装饰（可选）
- 适量海盐和胡椒，用于调味
- 1 小撮孜然粉 / 孜然籽（可选）
- 1 茶匙芝麻油、米糠油 / 葡萄籽油，用于炒豆腐
- 1 汤匙酱油，用于增加咸香味（可选）
- 1 汤匙味淋（日本烹饪用米酒）（可选）

做法

1. 将豆腐取出并滤干水分，并通过按压挤出更多水分达到合适的湿度和硬度。
2. 准备好所有食材。
3. 用手指将豆腐掰成小块（如图），放入碗中待用。
4. 在一个平底锅中加入油，开火热油，待锅热后加入洋葱并翻炒出香味，呈现出透明状。
5. 加入胡萝卜翻炒 2 分钟。如果你使用的是冷冻豌豆，请现在加入进行翻炒；如果使用的是新鲜豌豆，则可以在炒好豆腐之后放入。
6. 加入豆腐翻炒均匀，接着用孜然、姜黄、盐和胡椒调味。
7. 持续中火翻炒 2 分钟，使食材变熟并入味。
8. 关火，出锅摆盘，搭配烤面包作为早餐，或糙米饭作为午餐和晚餐都很适合。此外，还可以用来制作三明治和卷饼。

天贝"培根"沙拉

许多人在健康饮食转变阶段的过程中会发现真的很难舍弃培根。别担心，接下来我们要分享给大家的就是用天贝制作的纯素培根。天贝是大豆发酵而来的食物，比豆腐的味道要浓郁厚重得多，放进沙拉中能够增加蛋白质含量和不同的风味，堪称画龙点睛之笔。天贝虽然来源于印度尼西亚，严格意义上并不能被称为中国超级食物，但在中国也有越来越多的人知道和选择天贝这样天然的发酵食物。让我们一起来看看吧！

这是一道独具创意的发酵豆制品菜肴，富含植物蛋白，味道也很浓郁，无论是作为配菜还是主食沙拉，都很不错。

沙拉食材

- 1 块天贝，切成薄片并放入酱汁腌制过夜或一整天（腌制酱料见下方）
- 1 包混合沙拉叶，洗净并用厨房纸吸干水分
- 1 个红彩椒，洗净并且切成细条
- 8 颗樱桃番茄，洗净并对半切开（可选）
- 1/2 个红洋葱，去皮并切成细丝
- 各 5 汤匙橄榄油和意大利黑醋，混合均匀用于调味
- 适量海盐和胡椒，用于调味
- 1/4 茶匙干的牛至叶，用于调味
- 1 汤匙橄榄油 / 葡萄籽油，用于煎天贝 "培根"

腌制天贝酱汁食材

- 1/2 量杯酱油（确实很多，但别担心，这只是用于腌制的）
- 1/2 茶匙红椒粉
- 2 片月桂叶

- 1 汤匙枫糖浆
- 1 小撮黑胡椒和白胡椒
- 1 小撮孜然粉
- 1 汤匙纯天然植物提取烟熏液（可选，这是一种美国纯素酱汁，常用于制作烧烤和培根，在中国很少有售，可在网上商城购买）

做法

1. 在一个浅口的玻璃容器中放入腌制天贝的酱汁和天贝片，混合均匀，腌制过夜或一整天。

2. 腌制好后，开始准备沙拉。将沙拉所需的食材如混合沙拉叶和蔬菜条放入一个盘子中。

3. 在平底锅里加入适量油，开火热油，待锅热后加入腌制好的天贝，煎至两面金黄即可，取出并放在厨房纸上吸取多余的油分。

4. 在一个小碗中混合橄榄油、意大利黑醋、盐、胡椒和牛至叶制作沙拉酱汁。

5. 将沙拉酱汁淋在沙拉上，然后再将煎好的天贝"培根"放在沙拉上即可享用。

天贝 "肉球"

食材

- 1/2 个亚麻籽鸡蛋（1/2 汤匙亚麻籽粉与 1 汤匙温水混合均匀）
- 200 克新鲜白色天贝，略微切碎（你可以在网上商城买到）
- 1/4 个白洋葱，去皮并切碎
- 1 瓣大蒜，去皮
- 1 茶匙酱油
- 1 茶匙苹果醋
- 1 汤匙营养酵母粉
- 1 茶匙新鲜香菜，洗净并切碎
- 1 茶匙干的牛至叶
- 1 茶匙干的罗勒
- 1/2 茶匙海盐或喜马拉雅粉红岩盐
- 1/3 和 1/4 量杯无麸质面包糠或杏仁粉
- 适量葡萄籽油 / 橄榄油 / 米糠油，用于煎肉球

做法

1. 在一个小碗中混合均匀亚麻籽粉和水并静置 10 分钟，待混合物呈现出鸡蛋液一样的质地即可，可以替代鸡蛋作为黏合剂。

2. 将天贝、洋葱、大蒜、酱油、苹果醋和营养酵母粉放入食物料理机中，搅拌至混合物呈现出光滑的面团一样的质地。

3. 加入香料和盐并搅拌均匀，接着将纯素亚麻籽 "鸡蛋" 加入混合物并搅拌均匀。

4. 然后加入面包糠或杏仁粉并再次搅拌均匀。

5. 用勺子舀一勺混合物，用手制作成直径约 2.5 厘米长的丸子形状。

6. 在一口不粘锅中加入适量油，浅煎天贝 "肉球" 直到出现金黄色即可。

与糙米饭、沙拉、小米粥等搭配都非常美味，你也可以采用西式料理方法制作番茄肉丸意大利面。无肉不欢的朋友也非常喜欢这样的纯素 "肉球" 哦！

毛豆泥

Hummus 原为鹰嘴豆泥，是传统阿拉伯名菜，这一次我们将鹰嘴豆改为毛豆，做成沁人心脾的绿色前菜小吃，并改良为亚洲风味，搭配芝麻脆饼（食谱请参考黑芝麻章节）、蔬菜条、全麦面包都很不错。

毛豆在亚洲是人尽皆知的超级食物，常被用来炒菜、做汤、下面条，富含植物蛋白、膳食纤维、抗氧化剂、叶酸和维生素 K。与其他大豆类食材一样，毛豆被证明有助于预防心脏疾病、胆固醇增高和乳腺癌的患病风险。

不必每次都专程到日本餐馆去吃毛豆，在家你就可以轻松做出绵密可口的毛豆泥，并且你可以尽情发挥想象力研发新的口味。赶快试试吧，我们希望你喜欢中国超级食物的豆泥版本！

食材

- 2 量杯煮熟的毛豆（简单用水将毛豆煮至变熟变软即可）
- 1 瓣大蒜，去皮
- 3 汤匙新鲜柠檬汁
- 2 汤匙纯芝麻酱
- 1 汤匙水
- 3 汤匙橄榄油
- 适量盐和胡椒，用于调味
- 适量葱末和／或炒熟的芝麻，用于装饰（可选）

做法

1. 将毛豆放入加入一点盐的水中煮 4~5 分钟，直到豆子变软。

2. 将煮熟的毛豆、大蒜、柠檬汁、芝麻酱、水和橄榄油放入料理机中搅拌，直至呈现出豆泥的质感。我们希望豆泥不仅有厚度，还可以保留一些颗粒感，但如果你喜欢更顺滑的口感就多搅拌一些时间。

3. 加入盐和胡椒调味。

4. 搅拌均匀即可摆盘，如果喜欢，可以撒上芝麻或葱末装饰。适合涂抹在脆饼、蔬菜条或全麦面包上享用。

豆腐汉堡馅饼

- 1 块约 350~400 克的老豆腐，滤干水分后，豆腐上下各放一个盘子，并在上面的盘子上再放 1~2 个碗作为重物，持续按压 30~60 分钟，注意清理从豆腐中挤出的水分，出水后水分变少更易制成豆腐馅饼

- 1 个小的白洋葱，去皮并切碎

- 2 根小葱，洗净并切末

- 3 汤匙杏仁粉，在搅拌过程中慢慢加入（你也可以使用全麦面粉，但杏仁粉适合不吃麸质的朋友）

- 1 茶匙大蒜粉（可选，但强烈推荐使用）

- 1/2 根香茅，洗净并切碎（可选，但如果你喜欢东南亚风味，最好使用它）

- 1/2 茶匙孜然粉

- 1 汤匙酱油

- 适量海盐和胡椒，用于调味

- 适量葡萄籽油 / 米糠油，用于煎豆腐馅饼

大部分人都喜欢用豆腐炒菜或炖汤，尤其在亚洲料理中更是如此，不过豆腐还有其他用处。先问一个问题，先不说健康不健康，有人不喜欢吃汉堡吗？估计很难找到。在这里，我们就用豆腐来做健康的汉堡馅饼。豆腐富含优质的植物蛋白，而且它的质地实在是太适合做馅饼了。我们推荐使用老豆腐，本身水分不多，也没有太突出的味道，因此特别容易成型和调味。下面的食谱是基本款，一旦你熟练掌握了最基本的做法，就可以慢慢加入自己喜欢的调味料，如各类辣椒、川味香料、意式香料、泰式香料等。特别需要注意的是调节好干性食材和湿性食材的比例，如果水分太多就会影响汉堡的口感。

沙拉食材
用于装饰

- 适量红洋葱薄片、番茄薄片、生菜叶
- 黄瓜薄片
- 牛油果薄片
- 红菜头薄片

做法

1. 按食谱准备好所有食材。有的朋友喜欢在搅拌所有食材制作豆腐馅饼前，额外翻炒一下洋葱和小葱以使其散发出更多香味，这是个好主意，不过最后我们也会在平底锅中煎豆腐馅饼，因此是否额外加这一道工序看个人选择即可。

2. 在一台食物料理机（或大的搅拌碗）中，用低转速搅拌（一个叉子边碾压边混合）所有食材，直到所有食材均匀融合在一起。切记不要使用破壁机，只能使用低转速的料理机或使用叉子手动搅拌，

以免食材太碎成泥并且出水太多影响口感。

3. 一点点慢慢加入杏仁粉 / 全麦面粉，持续搅拌以观察馅饼混合物的湿度及黏性。

4. 当用手可以将馅饼混合物制作成一个结实有弹性的馅饼时即可，馅饼的大小应和你准备的汉堡面包差不多大，馅饼的质地应该是光滑、成团、不滴水、不松散。

5. 在一个平底锅中加入油，开火热油，待锅热后放入馅饼煎至两面都呈现金黄色，煎馅饼时可以轻轻按压，一来加快烹饪时间，二来可以调整馅饼的大小和厚度。

6. 制作好的豆腐馅饼可以单独搭配沙拉享用，也可以额外加两片面包制成完整的纯素汉堡。我们喜欢用 2 片全麦面包佐纯素美乃滋酱，真是太好吃了！

- -

馅饼本身即使不搭配任何沙拉和面包，都足够令人大快朵颐，它颜色诱人、可塑性强，可以通过额外调味制作出自己喜欢的口味。

制作好的馅饼可以在冰箱中冷藏保存 5~6 天，冷冻保存期更久，你可以一次制作多一点，这比市面上所售的方便食物要健康美味得多！

全谷物

　　全谷物是我最喜欢的一类食物之一，它们如此原始、天然、完美，可惜现代人已经将它们原本的模样改变，不再是"全"谷物，而是被分离得支离破碎了。也许还有人吃全麦面包，用全麦面粉做早点或是吃全麦麦片，但是专门去蒸一锅糙米饭或是用小米、荞麦、黑米等谷物烹饪真是越来越稀罕了，年轻人更是鲜少碰这些食物。

　　全谷物能够为我们的身体提供必需的膳食纤维、矿物质、维生素和优质的复合碳水化合物。优质的碳水化合物是人体所需的三类宏量营养素之一，如果你对它谈其色变、避而远之，也就意味着你身体的三分之一的能量来源被掠夺，重要的营养环节将会缺失。

　　在自然平衡食物疗愈中，全谷物尤其是糙米是能量最为中性的食物，阴阳不偏不倚。别再去找借口说糙米饭太硬了、不容易煮烂、口感不好，那是因为你不会煮，这不是糙米的错，很有可能是你没有将浸泡、烹饪等准备工序做好。忘掉过去不好的糙米体验，让我们从今天开始重新认识它，准备好尝尝你这辈子吃过的最好吃的糙米饭吧！

　　如果你生活在中国或亚洲其他国家，那你真的很幸运，至少生活中从来不缺全谷物和全谷物制品。不管是全麦面粉、全麦面条还是糙米、黑米、荞麦，随随便便就能在当地采购到。在本章节中，我们会分享几道最爱的全谷物菜肴，快来一探究竟。

糙米 | 糙米饭

食材

- 2 量杯糙米，需提前浸泡 6~8 小时（如果你使用高压锅烹饪糙米饭，也可以选择略过浸泡这个步骤，但为了最佳释放营养，我们建议提前浸泡）

- 1 小撮海盐

- 3 量杯水，用于烹饪糙米饭，但最好的方法是用中指测量水的高度，当水比糙米高出约 2.5 厘米即可，这个方法同样适用于其他米类

做法

1. 糙米浸泡好后将浸泡的水滤掉，按比例加入新的水和 1 小撮海盐，准备烹饪米饭。

2. 将糙米在汤锅 / 高压锅 / 电饭锅中煮至完全变熟变软，大约需要 25~35 分钟，但根据你选择的烹饪工具的不同，烹饪的时间也会有所差异。

3. 用芝麻盐（请参考芝麻章节）调味并与任何你喜欢吃的菜肴一起搭配享用。

三色时蔬
糙米炒饭

食材

- 1 碗煮好的糙米饭（每人需一小碗的量）
- 2 汤匙玉米粒，新鲜的或冷冻的均可（冷冻的玉米可以提前焯水或提早下锅）
- 2 汤匙豌豆，新鲜的或冷冻的均可（冷冻的豌豆可以提前焯水或提早下锅）
- 2 汤匙胡萝卜丁
- 1 汤匙白洋葱碎
- 1 汤匙芝麻油 / 米糠油
- 1 汤匙酱油
- 适量海盐和胡椒，用于调味

做法

1. 按食谱要求准备好所有食材。
2. 在一个中等大小的平底锅中加入油，开火热油，待锅热后加入洋葱碎翻炒至香味散出呈现半透明状。
3. 开小火加入胡萝卜、豌豆、玉米粒翻炒 2 分钟。
4. 加入煮好的糙米饭，翻炒均匀。
5. 用海盐、胡椒和酱油调味。
6. 关火出锅装盘，我们建议搭配绿色蔬菜、豆类或豆制品菜肴作为午餐或晚餐享用。

　　如果你考虑将日常饮食过渡为更高纤维、更多超级食物的健康饮食，糙米炒饭是个非常好的开端。传统炒饭都是用白米饭做的，而糙米饭较白米饭有更高的营养密度，开始可能会不习惯，但尝试几周之后你就会发现糙米饭的口感也是如此好。这个思路是正确的，坚持下去，慢慢地摄取更多全谷物和全谷物制成的食物，相信你的生活会有很大的改变，而最感谢你做出这个决定的人将会是你自己，你的消化系统和各个器官都会变得越来越舒服。

素奶油
糙米意面配
混合菌菇和日晒番茄

- 1/3 包糙米意面（用糙米粉做的意大利面，在健康食品商店和网上商店有售）

- 1/2 锅水，用于煮面

- 1/2 个白洋葱或红洋葱，去皮并切碎

- 2 量杯混合菌菇，洗净并切碎（大约 150 克），我们建议使用草菇、茶树菇和波托贝洛菇，但任何你能购买到的混合菌菇都可以

- 1 汤匙日晒番茄，切成细丝（最好使用日晒番茄干，但如果你只能买到油浸的，请事先将油滤干以减少油脂摄入量）

- 1 汤匙橄榄油

- 适量海盐和胡椒，用于调味

- 1/2 茶匙干的牛至叶，用于调味

- 1/2 茶匙干的罗勒，用于调味

- 1 量杯腰果，提前在 水 中 浸 泡 2~8 小时，最好能够浸泡过夜或一整天

- 1 汤匙橄榄油

- 1 汤匙营养酵母粉（可选，但我们强烈推荐，它能够为酱汁增添芝士的香味）

- 适量海盐和胡椒，用于调味

- 1/2~2/3 量杯水，在搅拌食材制作酱汁时请慢慢加入（目的是使酱汁呈现出黏稠顺滑的质地，一次加入太多水会导致酱汁太稀）

1. 先制作素腰果奶油酱。将浸泡腰果的水分滤干，之后将除了水以外所有用于制作腰果酱的食材放入搅拌机中，搅拌过程中请慢慢加入水，直到混合物呈现出黏稠顺滑的意面酱的质地即可，做好后放在一边待用。

2. 将糙米意面按产品说明煮熟，但不要煮得太软太烂。

3. 煮面的过程中可以准备菌菇和其他所需食材。

4. 当意面煮好后，关火取出并用冷水 / 常温水冲洗，以阻止余温使意面继续被加热而黏在一起影响口感。

5. 在平底锅中加入油，开火热油，待锅热后加入洋葱翻炒至出香味，接着加入混合菌菇并翻炒均匀。

6. 如果锅内食材变得太干，可以加一点水，但请不要再加入多余的油。

7. 用海盐、胡椒、牛至叶和罗勒调味，搅拌均匀使蘑菇入味。

8. 加入冷却后的熟意面，翻炒均匀。

9. 将火调低，倒入素芝士奶油酱并搅拌均匀。

10. 撒入日晒番茄丝。

11. 关火出锅摆盘，注意将意面、菌菇和酱拌匀以达到最佳口感。可以作为主菜搭配蔬菜沙拉、清炒时蔬或天贝"肉球"一起享用。

黑米 | 黑米寿司卷

　　寿司的确不是中国料理中的传统食物，但说到黑米，它被称为中国超级食物绝对是实至名归。黑米这种作物非常古老，而且含有超高的矿物质和各类优质营养成分。与其只是干巴巴地吃黑米饭，不如偶尔创新一下，将黑米搭配蔬菜做成寿司卷惊艳一下家人和朋友的味蕾。寿司卷可以在诸多场合满足你的需求，不管是节日派对、儿童零食还是出行便当。

　　值得提醒大家的是，在制作黑米寿司卷的时候请提前煮好黑米饭并自然冷却至常温，这样水蒸气才不会使卷寿司用的海苔片软化，不仅操作更加方便而且卖相也有保证。如果家里有日本酸梅肉，记得卷进寿司里，它能让寿司的美味程度大大提升一个台阶。

食材

- 3/4 量杯煮熟的黑米饭（你也可以使用糙米、红米或混合米饭，需自然晾凉至常温）
- 适量你喜欢的可以生吃的蔬菜，如黄瓜、胡萝卜、红彩椒、黄彩椒、牛油果等，洗净去皮并切成细条，请确保蔬菜条的大小和长度相当
- 适量新鲜芽苗，用于装饰（可选）
- 1 汤匙糙米醋 / 乌梅醋
- 1~2 片寿司海苔
- 1/2 茶匙日本酸梅，去核并切成小块（可选，但我们强烈推荐使用）
- 适量有机无味精酱油，用于蘸寿司
- 适量日式芥末酱，用于蘸寿司（可选，根据个人喜好而定即可）

做法

1. 根据我们的糙米食谱煮黑米饭，可以一次性多煮一些，一部分用于寿司，另一部分放在冰箱里保存，重新加热即可方便食用或烹饪成其他菜肴。

2. 在一个大碗中加入煮熟的黑米饭和糙米醋并混合均匀。如果黑米饭还冒热气，请先自然晾凉至常温状态。

3. 将蔬菜洗净、去皮并切成长度大小相近的细条。

4. 拿一张寿司海苔放在平面上，将黑米饭放在海苔上并朝前面的方向均匀铺开，注意最顶端需留出一指宽的缝隙，以便最后将寿司卷封口不易散开。

5. 将蔬菜条水平放在黑米饭的中间位置。

6. 双手拿起寿司卷朝着前面的方向卷成一个长形的卷，如果在海苔下面铺一张寿司竹帘将会更容易操作。

7. 用手指蘸取一些水，将顶端没有黑米饭的海苔部分轻轻沾湿，并仔细封口。

8. 卷好的寿司需放置至少 5 分钟后再用锋利地刀切开，你可以一分为二对半切，当然也可以切得更小。搭配酱油和其他可选的装饰及调味料如新鲜芽苗和日式芥末酱一起享用。

黑米扁黄沙拉
米豆彩椒拉

把米饭拌进沙拉？当然可以，温热的米饭搭配新鲜的蔬菜沙拉，佐以爽口的酱汁，只靠想象就已经足够令人垂涎了。米饭中最适合搭配沙拉的莫过于黑米，因为它的口感最饱满均衡，香气甚至比过糙米饭和白米饭。在不同的季节，你可以尝试不同的搭配。我们今天分享的版本十分饱腹，可以当作一顿丰盛的午餐或晚餐。

食材

- 1 量杯煮熟的黑米饭（如果使用剩饭请提前加热）
- 1 量杯羽衣甘蓝，洗净并切碎
- 1/2 量杯紫甘蓝，洗净并切成细丝
- 1/2 量杯黑色扁豆或棕色扁豆，放入水中加入 1 小撮海盐煮至变熟变软，但不要煮得太烂成泥
- 1/4 个黄彩椒，洗净并切丁
- 2 汤匙橄榄油
- 适量海盐和胡椒，用于调味
- 1/2 茶匙干的牛至叶，用于调味
- 1 汤匙新鲜柠檬汁，用于调味（可选，柠檬汁可以平衡黑米饭和扁豆的厚重）
- 1 茶匙柠檬屑，用于调味和装饰（可选，柠檬屑可以平衡黑米饭和扁豆的厚重）

做法

1. 根据我们的糙米食谱煮黑米饭，可以一次性多煮一些，一部分用于沙拉，另一部分放在冰箱里保存，重新加热即可方便食用或烹饪成其他菜肴。如果直接使用剩的黑米饭，请提前加热。

2. 在一口小汤锅中，根据食谱的要求煮熟扁豆。和米饭一样，你可以一次性多煮一些放在冰箱中冷藏或制成其他菜肴。

3. 在一个大的搅拌碗中加入黑米饭、扁豆、黄彩椒、紫甘蓝、羽衣甘蓝和调味料并拌匀。

4. 摆盘，可以作为主食带到办公室、学校或野餐和外出旅行时享用。

中国的超级食物真的比你想象的要精彩得多，只需简单搭配就可以摇身一变成为绝佳的料理。在食谱中我们用到了羽衣甘蓝，当然你也可以使用任何绿叶蔬菜。如果你不习惯吃生的绿叶菜，可以提前在水里快速焯熟或者和蒜蓉一起快速翻炒后，再拌进沙拉中。

时蔬味噌汤
黑米面条

用浓香的味噌汤底，下一碗黑米
做成的面条，尽享美味无负担。
底汤可以根据个人喜好更换。

食材

- 1/3 包黑米面条（用黑米粉做的面条，在健康食品商店和网上商店有售）
- 4~5 根菜豆，图中所使用的是刀豆，洗净并切碎
- 1 量杯你喜欢的绿叶蔬菜，洗净
- 2~3 颗新鲜香菇，洗净并切片
- 1 汤匙小葱，洗净并切末
- 1/2 汤匙淡味噌酱
- 1 汤匙芝麻油
- 1/2 茶匙酱油
- 1/2 茶匙黑芝麻，用于装饰（可选）
- 1/2 锅水，用于煮面条，煮面条的水不要浪费，可以制作味噌汤底

做法

1. 首先将黑米面条按产品说明在汤锅中加水煮熟，但不要煮得太软太烂。
2. 煮面条的过程中按食谱要求准备其他蔬菜。
3. 当面条煮好后，关火取出并用冷水/常温水冲洗，以阻止余温使意面继续被加热而黏在一起影响口感。
4. 如果你煮面条的水还剩很多，请保留2量杯水或足够的水用于制作味噌汤底。
5. 将保留的煮面条的水重新开火煮沸，加入菜豆煮1分钟，接着再加入香菇。
6. 当菜豆和香菇都煮熟煮软时即可，但请不要煮得太烂。
7. 关火，加入新鲜绿叶蔬菜（如上海青或鸡毛菜），用筷子搅拌使叶片充分在汤中浸泡变软。
8. 加入酱油、芝麻油和葱末调味。
9. 关火，在加入味噌酱前让汤底自然冷却1分钟，以防止太高的温度影响味噌酱中的益生菌活性，1分钟后放入适量味噌酱并搅拌使之完全融化。
10. 在一个碗中放入适量黑米面条，倒入味噌汤底并用黑芝麻、葱末或你喜欢的其他食材如香菜碎装饰。
11. 根据个人喜好，还可以尽情加入红皮藻、海苔或裙带菜粉作为调味和装饰，喜欢吃辣的朋友在炎热潮湿的夏天还可以加点辣椒粉或辣椒酱。

荞麦 | 荞麦烩饭

配菌菇与日晒番茄
配南瓜与百里香
配芦笋与迷迭香

　　我超爱荞麦。荞麦的创造力太惊人了，谷物本身可以制作烩饭、粥等饭类菜肴，当它被磨成粉又可以变出很多新花样。接下来我们将会分享几个心头最爱的荞麦食谱，每一次做给朋友吃，他们都会惊讶于荞麦竟然还能这么做，而且不敢相信制作方法连初级新手都可以轻松掌握。

　　如果你周围还有很多人不吃荞麦甚至不知道它的存在，那真是太可惜了，它在全球范围内可是响当当的超级食物呀！从俄罗斯到日本，诸多国家的传统烹饪中都可以看到荞麦的身影。别落伍了，快把这个宝贝分享给你的家人朋友吧！

你没看错，一次性就能学会三种口味的荞麦烩饭。与中国的"菜泡饭"有些相似，烩饭黏黏稠稠的，没有稀饭或粥那么多水分，味道也更加浓厚。我们提供的食材搭配仅供参考，不过用人品保证绝对好吃，欢迎你尽情发挥想象力把喜欢的蔬菜融入进来创造出新风格。建议烹饪新手先把这三个食谱分别制作一下，毕竟熟能生巧嘛，无论蔬菜和香料如何更换，制作方法都是一样的。

菌菇与日晒番茄荞麦烩饭

食材

- 1/2 量杯荞麦，洗净并滤干水分（最好可以提前浸泡过夜）

- 3 量杯水

- 1 片月桂叶

- 1/2 汤匙橄榄油

- 1 瓣大蒜，去皮并切碎

- 1/2 个白洋葱，去皮并切碎

- 1 量杯混合菌菇，洗净并切碎，我们推荐草菇、香菇，也可以选择任何你喜欢的菌菇

- 1 汤匙日晒番茄，大约 3 个，切成细丝（最好使用日晒番茄干，但如果你只能买到油浸的，请事先将油滤干以减少油脂摄入量）

- 1/2 茶匙干的罗勒，用于调味

- 1/2 茶匙干的牛至叶，用于调味

- 适量海盐和胡椒，用于调味

南瓜与百里香荞麦烩饭

食材

- 1/2 量杯荞麦，洗净并滤干水分（最好可以提前浸泡过夜）

- 3 量杯水

- 1 片月桂叶

- 1/2 汤匙橄榄油

- 1 瓣大蒜，去皮并切碎

- 1/2 个白洋葱，去皮并切碎

- 1/2 量杯南瓜，去皮并切小块

- 1 小枝新鲜百里香或 1/2 茶匙干的百里香，用于调味

- 1/2 茶匙干的罗勒，用于调味

- 1/2 茶匙干的牛至叶，用于调味

- 适量海盐和胡椒，用于调味

芦笋与迷迭香荞麦烩饭

食材

- 1/2 量杯荞麦，洗净并滤干水分（最好可以提前浸泡过夜）

- 3 量杯水

- 1 片月桂叶

- 1/2 汤匙橄榄油

- 1 瓣大蒜，去皮并切碎

- 1/2 个白洋葱，去皮并切碎

- 1 量杯新鲜芦笋，洗净并切碎

- 1 小枝新鲜迷迭香或 1/2 茶匙干的迷迭香，用于调味

- 1/2 茶匙干的罗勒，用于调味

- 1/2 茶匙干的牛至叶，用于调味

- 适量海盐和胡椒，用于调味

做法

1. 在一口中等大小的汤锅中加入荞麦、水和月桂叶煮 15~20 分钟，直到荞麦变软。

2. 在平底锅中加入油，开火热油，待锅热后加入洋葱和大蒜翻炒至出香味且洋葱呈现出透明状，接着加入蔬菜并炒至半熟。

3. 当荞麦大约达到 85% 的熟度（变软但不会太烂）时，加入罗勒、牛至叶和其他用于调味的香料并搅拌均匀。

4. 将平底锅中的蔬菜加入荞麦并搅拌均匀，调至低火，慢炖 5 分钟使之入味。

5. 最后用海盐和胡椒调味即可。

6. 关火出锅摆盘，搭配沙拉或绿叶蔬菜一起享用。

7. 用 1/2 量杯荞麦可以制作 2 人份的荞麦烩饭，你可以根据实际人数调整食材比例。

荞麦松饼

　　我已经将这个食谱分享给了烹饪课堂上的所有学生、孩子和家长们，并且屡试不爽，所有人都很喜欢。这个全谷物版本的松饼比传统松饼要健康许多，没有致敏物、胆固醇、精制面粉，当然更是我们新鲜制作的而不是用市面上所售的混合面粉调理包。早餐花几分钟煎几块荞麦松饼，用满满的健康能量开启新的一天是多么美好的事情呀！再偷偷告诉你们一个小秘密，在制作荞麦面糊时我喜欢加一点肉桂粉，煎饼时扑鼻而来的香气太令人沉醉了。

食材

- 1 个亚麻籽鸡蛋（1 汤匙亚麻籽粉加上 3 汤匙水，搅拌均匀）
- 1/2 量杯荞麦面粉（你也许需要多准备一点面粉放在旁边备用，以防坚果奶或者香蕉水分太多）
- 1 茶匙泡打粉
- 1 根完全熟透的香蕉，去皮并在一个小碗中用叉子压成香蕉泥
- 1/3~1/2 量杯坚果奶（我们建议使用杏仁奶、腰果奶、火麻仁奶，请一定慢慢加入，以防荞麦面糊一下子变得太稀）
- 适量椰子油 / 葡萄籽油，用来煎松饼
- 适量蓝莓、无糖椰蓉、糙米糖浆和核桃碎，用于装饰

做法

1. 先做亚麻籽鸡蛋，将亚麻籽粉和水在一个小碗中混合均匀，放置一边让它慢慢变稠，形成果冻一样黏稠的质感（也可以提前一晚做，放在冰箱过夜，质地会变得更黏稠）。

2. 在一个大的碗中加入荞麦面粉和泡打粉，搅拌均匀。

3. 将香蕉压碎成泥，加入面粉中。

4. 再加入坚果奶和亚麻籽鸡蛋。

5. 将所有食材混合均匀，这时面糊的质地像是流状的稀面团。

6. 在平底锅里加入一点油，用中火将面糊放在平底锅中间，慢慢转动平底锅使面糊摊开抹平。

7. 当面糊上出现小泡泡时，松饼的一面就煎好了，将松饼翻过来继续煎另一面，直到两面都呈现金黄色。

8. 煎好后出锅放在盘子中待用。

9. 用蓝莓、无糖椰蓉、糙米糖浆和核桃进行装饰，即可享用。

10. 依照这个食谱可以制作 5~6 个小的松饼或 3~4 个大的松饼，松饼的厚度可以自己掌握。

香茅生姜米布丁

　　吃这款布丁真是味蕾的一大享受，我们融合了传统英式风格和越式／泰式风格，当然还加入了中国的明星超级食物——生姜以及荞麦。读到这里，相信你会越来越佩服荞麦的创造力，既能够制作香浓的烩饭又可以煎出软糯的松饼，而现在我们要隆重介绍它的另一大创意，那就是米布丁，入口即化、奶香四溢，一年四季皆可享用。荞麦如此具有创意，相信你也是，发挥想象制作出你喜欢的新口味吧！

食材

- 1/3 量杯白米饭
- 1/3 量杯糙米饭，提前浸泡过夜或一整天
- 1/3 量杯荞麦
- 1/2 量杯椰奶
- 3/4 量杯豆奶
- 2 量杯水
- 6 片新鲜姜片，粗略切碎（请不要切得太小，我们只需要生姜的味道，最后要从锅中取出姜片）
- 1 小撮海盐
- 4 汤匙糙米糖浆／枫糖浆，用于调味
- 1 根新鲜香茅，洗净并切成大块（请不要切得太小，我们只需要香茅的味道，最后要从锅中取出香茅）
- 1 小撮椰糖，用于装饰
- 1/2 个青柠的青柠屑（可选）

做法

1. 将所有准备好的谷物放在一起冲洗干净，滤干水分后放入一口中等大小的汤锅，加入水、生姜、香茅和海盐，用中高火煮 12~15 分钟。

2. 当谷物慢慢变软，加入椰奶并转小火慢炖 5~10 分钟，使生姜、香茅和椰奶的香味完全融入谷物布丁中，将豆奶慢慢加入布丁并搅拌均匀以防烟锅。

3. 当谷物完全软糯时，加入糖浆调味并搅拌均匀。

4. 取出汤锅中的生姜和香茅，并尝一下味道。

5. 根据个人口味，如果喜欢甜度高一点的布丁，可以再多加一点糖浆。

6. 关火出锅，放入漂亮的小碗或杯子中摆盘。

7. 用 1 小撮椰糖装饰，即可享用。

8. 依照这个食谱可以制作 4~6 碗／杯布丁，分量可以自己掌握。

小米 | 小米鹰嘴豆馅饼

鹰嘴豆富含植物蛋白，是中东小吃法拉费蔬菜球／饼的主要食材，营养美味又饱腹，连无肉不欢的朋友们都难以抗拒，更是备受喜欢素食的朋友们的青睐。这款馅饼可以完美替代传统汉堡中油腻腻的馅饼，用于搭配全谷物饭、蔬菜沙拉也是很好的选择。小米作为超级食物，除了提供营养物质以外，在食谱中还起到了重要的黏合的作用。此外，藜麦也常常在烹饪中作为"黏合剂"出现。

传统市面所售的馅饼或餐厅中制作的馅饼，往往使用的是精致白面粉外加不少添加剂、人造调味料、白砂糖和精制盐，这些食材在我们的厨房里是从来不会出现的，也就是说我们自己下厨做出来的馅饼自然更加美味与健康。想不到吧，中国传统食物小米还能变出这样的花样，话不多说，这就揭秘！

食材

- 1/2 量杯鹰嘴豆（我们建议优先选择煮熟生的鹰嘴豆，但罐装的也可以，需要提前加热）
- 3 量杯水，用于煮鹰嘴豆
- 3 汤匙小米（洗净，滤干水分并单独在一口小汤锅中煮熟）
- 3/4 量杯水，用于煮小米
- 1/2 茶匙酱油
- 各 1/2 茶匙干的孜然、香菜、百里香、罗勒或其他你喜欢的香料
- 1 汤匙白洋葱，去皮并切碎，尽量切得细小
- 1 汤匙香菜，洗净并切碎
- 1 汤匙小葱，洗净并切碎
- 3 汤匙胡萝卜，洗净去皮并磨碎或切成小丁，尽量切得细小
- 1 茶匙杏仁粉或鹰嘴豆粉，用于裹在馅饼外面，这样浅煎后的口感会更脆
- 适量海盐和胡椒，用于调味
- 适量葡萄籽油／葵花籽油，用于炒蔬菜和煎饼

做法

1. 提前将生的鹰嘴豆浸泡在水里 6~8 小时，如果你使用的是罐装鹰嘴豆则省略这一步骤。

2. 将浸泡好的鹰嘴豆放入汤锅中，加入水并开火煮 45~60 分钟，直到豆子变软，煮豆子的过程中注意偶尔搅拌，以防焖锅（如果使用高压锅，速度会更快）。

3. 在另一口小汤锅中加入小米和 3/4 量杯水，中高火煮至小米变软并吸收水分，大约需要 10 分钟（应该呈现出非常黏稠的小米粥质地，没有多余水分）。

4. 当鹰嘴豆煮好后，滤干水分并放入一个大的搅拌碗中，加入煮好的小米，将鹰嘴豆压碎和小米一起搅拌均匀。

5. 加入油、酱油和香料，搅拌均匀，此时混合物应该呈现出黏稠的质地，放置一边自然冷却。

6. 在平底锅中加入适量油，开火热油，待锅热后加入洋葱和胡萝卜，翻炒至洋葱散出香味并呈现半透明状（此时胡萝卜不需完全软化）。

7. 将炒好的洋葱与胡萝卜加入鹰嘴豆、小米和调味料的混合物并拌匀，接着用手取出一部分食材并捏成馅饼的形状，外面裹一层杏仁粉或鹰嘴豆粉，放置一边待用。

8. 当所有的食材被捏成馅饼形状后，可以开始煎饼了，在锅中加入油，开火热油，待锅热后调至中火。

9. 将馅饼慢慢放入锅中，一次不要放得太满，每面大约需要煎 2~3 分钟，当煎至两面都呈现金黄色即可。

10. 用厨房纸吸干多余油分，蘸着你喜欢的酱料 / 酱汁即可享用。

我们喜欢搭配糙米饭、沙拉、炒蔬菜和意面一起吃，可以增加一天的植物蛋白摄取量。

小米
花菜泥

食材

- 1/2 棵花菜，洗净并切成小块
- 1/2 量杯小米，洗净并滤干水分
- 3 量杯水，用于煮小米
- 2 汤匙橄榄油
- 适量海盐和胡椒，用于调味
- 适量小葱，洗净并切碎，用于装饰（可选）
- 1 瓣大蒜或 1/4 个白洋葱，去皮并切碎，用于增添香味（可选）

做法

1. 在一口中等大小的汤锅中加入水和小米，煮至小米变软。

2. 当小米慢慢变软并且吸收了水分后，加入花菜和可选的洋葱 / 大蒜，并加入多一点的水，没过花菜。

3. 煮至所有的食材都变熟变软，用一个叉子可以轻松压碎即可（食材最终呈现的效果不能有太多水分以免影响口感，因此如果太湿，请滤干多余的水分）。

4. 取出食材放入一个大的搅拌碗中，用一个叉子压碎并混合均匀，加入橄榄油调整黏稠度，并用海盐和胡椒调味。

5. 当混合物呈现出像土豆泥一样绵密的质感即可。你也可以使用食物料理机快速搅拌 10 秒钟，不要长时间高速搅拌以防出水影响口感，我个人也喜欢小米和花菜保留一些颗粒感。

　　这道菜肴非常适合帮助大家将传统饮食习惯过渡至高纤维、高营养、全食物的饮食方式。与小米花菜泥相比，土豆泥的营养密度远远不够，况且小米花菜泥的热量极低、纤维超高，还带有天然的微甜，谁会不爱呢！

　　你可以一次性多做一点放入冰箱冷藏保存，人们往往对平淡的小米和花菜没什么兴趣，但如果你拿出这道菜并让他们猜猜里面的食材有什么，知道答案的他们一定会惊讶万分的。期待他们的反应吗？那就试试看吧！

小米南瓜粥

　　作为中国人，小米南瓜粥你自然不会陌生，早餐应该常常会喝上一碗吧。而我有时也把它作为我的午餐甚至晚餐的主食。千万别小瞧这一碗粥，现在的年轻人吃的大多都是快餐、外卖或者随便在上班上学的路上应付一下，这碗营养丰富、暖心暖胃的粥不仅能够满足你的健康需求，还可以把儿时的回忆带回到你的身边。我常常在喝粥前加入一点自然平衡饮食中的明星食材淡味噌酱，相信你看出来了，我真的很爱味噌。

小米是非常棒的谷物，富含膳食纤维，带有微微的清甜，我们的胰腺和脾脏是需要一些天然甜味的滋养的，新陈代谢也是如此，不过是天然的甜味哦。温热的谷物粥在自然平衡疗愈饮食中多次出现，它能够滋养我们的身体，并为一天的器官运作提供优质的复合碳水化合物。

谷物粥本身的确看起来很平凡，如果你想让它颜值更高，可以通过调味和装饰食材来为它增姿添彩。先从基础版本做起，熟能生巧后就能举一反三啦！

食材

- 1/3 量杯小米，洗净并滤干水分
- 1/2 量杯水（可以根据粥的具体黏稠度进行增减）
- 1 小撮海盐
- 1/2 量杯南瓜，洗净去皮并切成一口大小的小块
- 1 汤匙淡味噌酱
- 适量食材用于装饰，我们推荐：红皮藻、海苔、炒熟的芝麻、焯熟的南瓜籽、小葱碎、香菜碎或天然腌菜

做法

1. 将小米反复冲洗 3~5 次，直到水完全变清不再浑浊，小米需要一些时间才能洗净。

2. 在汤锅中加入小米、水和海盐，煮至小米变软，大概需要 5~6 分钟。

3. 加入南瓜块，再次慢煮 2~3 分钟，直到南瓜变软。

4. 如果你喜欢喝稀一点的粥，可以多加一些水，反之则少加一些水。

5. 关火，在一个小碗中加入淡味噌酱和一点温热的煮粥的汤水，将味噌酱稀释，稀释后再次倒回粥中搅拌均匀。

- -

味噌酱是天然的发酵食物，不仅对身体有益，还可以为粥增添咸香味。与你喜欢的食材搭配一起享用，我喜欢简简单单搭配一些绿叶时蔬如芥蓝、上海青一起吃。

小米咸味思慕雪碗

这则食谱中我们使用了三种超级食物。小米是一种谷物，对身体的滋养能力一级棒，煮熟它所花费的时间虽然很短，但却能达到十分柔软易嚼的口感，并且它还可以担任烹饪中黏合剂与增稠剂的角色。此外，我们还用到了颜色艳丽的樱桃萝卜以及清甜的玉米水作为基底。

小巧可爱的樱桃萝卜与日常生活中常用的白萝卜具有相同的健康功效，那就是祛湿，但樱桃萝卜本身味道微辛微辣，正好符合食谱的需要。

小米性凉微甜，传统中医食疗中建议在春秋季节食用，有助于平衡血糖水平。要时刻记住稳定血糖的重要性，无论是体重管理还是克制暴饮暴食，对一个人的整体健康都非常重要。将小米与其他微甜的谷物和根茎蔬菜结合起来制作美食，既可以满足对味道的需求，又不必担心对胰腺和胰岛素造成负担。

思慕雪在西方相当流行，但一般是用大量水果和坚果制作而成的，而我们设计的思慕雪为中国超级食物版本，而且是咸味的，相当酷吧。玉米水可以帮助你祛湿排毒，樱桃萝卜可以帮助你暖化肠胃，而小米则具有滋养全身的超级功效。欢迎你根据自己的喜好用海盐和香料来调味，相信这款思慕雪你闻所未闻！

食材

- 2 量杯玉米水或蔬菜高汤（将玉米皮、玉米棒和玉米须放入水中煮成淡黄微甜的玉米水）
- 2 个小的樱桃萝卜，洗净并粗略切碎
- 1/2 量杯煮熟的小米
- 适量海盐和你喜欢的干的香料，用于调味

做法

将所有食材放入搅拌机中搅拌至呈现出绵密的思慕雪质地即可，在碗中摆盘。适合加热至温热状态作为早餐享用。

薏苡仁 | 百里香薏苡仁蔬菜汤

薏苡仁在日文和自然平衡饮食中写作"hato mugi"，它也是一种谷物，独具解毒排毒功效。看看食谱你就会发现这不是传统薏苡仁的吃法。一般来说，薏苡仁会直接煮水喝，或者与红豆绿豆搭配做成甜品，但我将其赋予了一些法式融合风格，味道更强烈一些。

食材

- 1/2 量杯薏苡仁，洗净并浸泡过夜
- 1/2 量杯水
- 1 根西芹，洗净并切成小块
- 1 根中等大小的胡萝卜，洗净去皮并切成小块
- 1/2 个白洋葱，去皮并切成小块
- 1 片月桂叶
- 1 汤匙葡萄籽油 / 米糠油 / 橄榄油
- 适量海盐和胡椒，用于调味
- 1/2 茶匙干的百里香

做法

1. 将浸泡好的薏苡仁、1/2 量杯水和月桂叶放入汤锅中煮 30 分钟，直到薏苡仁煮熟但不要煮得太烂。
2. 在煮薏苡仁的时候开始准备其他蔬菜。
3. 在平底锅中加入油，开火热油，待锅热后放入洋葱炒至香味散出并呈现半透明状，这时加入胡萝卜和西芹一起翻炒。
4. 当薏苡仁煮熟后，将炒好的蔬菜一起放入汤锅中，并加入百里香，继续煮 10 分钟使之入味。
5. 用适量盐和胡椒调味。
6. 关火出锅摆盘，可作为头盘热汤享用。

自古以来，在中国大家都知道夏季多吃薏苡仁可以强效祛湿，尤其生活在上海、南方其他城市和热带地区，湿热的气候总是让人无所适从。此外，薏苡仁还被认为可以消解脂肪、毒素、囊肿、肿块，达到清体排毒的目的。

发挥创意，中国的超级食物也可以如此具有创意。你可以用白色的薏苡仁或者炒过的棕色的薏苡仁，这两种食材在市场、超市和网上商城都能轻易买到。

薏苡仁
茴香
玉米水
迷迭香
中医思慕雪

乍一看，这样的食材搭配很是怪异，尤其在看到茴香这么冲的食物时，很多朋友估计已经开始摇头。先别着急，它们可是排毒的明星组合。茴香富含维生素C、膳食纤维、钾、植物营养素和抗氧化剂，能够保护肝脏、抗炎消炎。一棵完整的茴香包含三个部分：茴香头、茴香茎、茴香叶。在这则食谱中我们推荐使用茴香头，也就是茴香淡绿和白色的身体部分，生熟都可以，这个部分用于制作思慕雪、果汁、沙拉，效果都很好。

茴香虽然是食材，但传统中医信奉药食同源的道理，因此茴香也被入药用于治疗身体疾病，解决健康问题，如缓解鼻塞这类身体器官堵塞，促进食欲，治疗胃部不适。茴香籽茶则被用来治疗蚊虫叮咬、食物中毒、喉咙疼痛。

这款中医思慕雪简直是超级食物的大集合，除了刚刚提到的茴香之外，还有清体排毒的薏苡仁、玉米水和迷迭香。迷迭香是优质的铁、钙、维生素B_6的膳食来源，它也因含有高效的抗氧化剂而在医学中被广泛用来强化免疫系统，缓和肌肉酸痛，促进血液循环。

看来，排毒从来不是一件无聊的事情，它可以如此美味诱人！

食材

- 1/3 量杯煮熟的薏苡仁
- 1/3 量杯茴香汁（如果你没有榨汁机，可以切 1~2 片茴香与其他食材一起搅拌，只是最终的口感会有所不同）
- 1/2 量杯玉米水（将玉米皮、玉米棒和玉米须放入水中煮成淡黄微甜的玉米水）
- 1/4 茶匙干的迷迭香或 1 枝新鲜迷迭香
- 1 量杯水
- 1~2 茶匙枫糖浆或 1 小撮喜马拉雅粉红盐（可选，这款思慕雪是咸味的，当然你可以根据自己的喜好制作成甜味的，还可以调整食材比例制作成更稠的思慕雪碗）

做法

将所有食材放入搅拌机中搅拌均匀，装入玻璃杯中作为排毒饮品享用。

蘑菇

温馨提示： 在本书中，我们没有独立设置一个章节专门讲解蘑菇，因为亚洲的蘑菇多种多样，值得用一本书来写，希望在不久的将来我们可以实现这个愿望。

蘑菇的热量低、膳食纤维高、植物蛋白质丰富，富含维生素 B 群、硒、钾、铜、维生素 D，因此在中国超级食物排行榜上有专属的位置。在传统中医自然疗法、中药和滋补品中，蘑菇这个大家族也是声名显赫。

在书中我们已多次用到蘑菇，它的品种十分丰富，即使是随意搭配，都显得相得益彰。期待在未来为你们带来更多关于蘑菇的知识和食谱，也鼓励大家平时在市场、超市、有机农场、网上商城选购食材的时候多留心观察一下，认识越来越多的蘑菇。

海藻蔬菜 ｜ 裙带菜

在日本和韩国料理中，裙带菜和海藻蔬菜家族中的其他兄弟姐妹的出镜率很高。实际上，海藻蔬菜也是地地道道的中国传统的超级食物。这类食材矿物质丰富、味道鲜美，在自然平衡饮食中常被用来制作具有疗愈功效的菜肴，如经典的味噌汤。

所有海藻蔬菜都含有相当丰富的膳食纤维、矿物质、氨基酸、叶酸、维生素 B 族和天然盐分，能够帮助身体过滤和排除毒素，净化血液和淋巴系统，清理体内堆积的重金属，因此在亚洲许多国家的料理中作为健康食材被广泛使用。此外，它还能够强韧毛发、指甲和身体许多器官，好处真的多到数不清！

许多人面临日常摄入的矿物质不足的窘境，如果你也为此忧愁，不如多吃一些裙带菜、羊栖菜、海草等来自海洋中的蔬菜，毕竟它们所含的矿物质是其他食材的 10 倍之多，钙、镁、铁这些重要的营养成分都被囊括其中。

在自然平衡饮食中，我们不仅从营养角度分析食物，还会关注它们的能量水平。海藻蔬菜天生带着雄伟海洋的巨大能量，能够让人从焦虑中获得专注，提高身心各层次的表现水平。

裙带菜
豆腐
小葱
味噌汤

食材

- 1 段约 2.5 厘米长的白萝卜,切成半月形的片状(可选)

- 适量老豆腐,切成小块

- 3 量杯水

- 1 汤匙赤味噌酱

- 5 片干的裙带菜,提前在水中浸泡 5~10 分钟使之软化并泡开(裙带菜经过浸泡会膨胀很多,因此不需要用太多)

- 适量小葱,切成葱末,用于装饰

★ 以上食材可以制作 2 碗味噌汤

做法

1. 提前浸泡裙带菜。

2. 在一口小汤锅中加入水并煮沸,转中火。

3. 加入白萝卜(也可以使用其他你喜欢的蔬菜如莲藕)煮 2 分钟。

4. 加入豆腐块煮 1 分钟。

5. 撒上小葱末后关火。

6. 在一个单独的小碗中放入一些汤锅中温热的水和味噌酱搅拌均匀,接着将味噌酱汁倒入汤锅中进行调味。如果你喜欢浓厚的味道,可以多加一些赤味噌酱(我建议用赤味噌酱做汤,淡味噌酱炒菜或做酱汁)。

7. 盛入碗中,即可作为前菜热汤享用。

这道味噌汤非常简单,白萝卜可以净化肝脏,莲藕(如果你选择使用)可以净化肺部,味噌酱可以带来有益菌,豆腐可以增加植物性蛋白质,裙带菜可以提高矿物质和膳食纤维的摄取量,任何你喜欢的蔬菜都可以加入其中,四季皆可食用。

下面这些蔬菜我个人非常喜欢准备一点放入味噌汤,推荐给你们:

大葱	玉米粒
莲藕	香菇
胡萝卜	

不过要注意,味噌汤属于清汤类的热汤,汤为主,菜为辅,因此蔬菜的比例不要太高,作为基底和装饰即可。

裙带菜
黄瓜沙拉

食材

- 1 根中等大小的黄瓜，洗净并用削皮刀刨成薄片（如图）

- 6 片干的裙带菜，提前浸泡并切成小片

- 1 汤匙糙米醋，用于调味

- 1 汤匙中国 / 日本陈醋，用于调味

- 1 汤匙芝麻油，用于调味

- 1 汤匙酱油，用于调味

做法

1. 黄瓜和裙带菜的比例可以根据个人喜好进行调整，我倾向于一半一半。

2. 将裙带菜浸泡在水中，同时准备黄瓜薄片，如果人数较多请将所有食材加倍。

3. 在一个小碗中混合醋、芝麻油和酱油制作酱汁。

4. 在一个碗或盘子中放入裙带菜和黄瓜薄片，淋上酱汁，可作为一道清新可口的配菜享用。

羊栖菜 | **炖煮羊栖菜**
莲藕、香菇、板栗、豆腐干

食材

- 1 个莲藕，洗净去皮并切成半月形的片状（如果你喜欢切成火柴杆的形状也可以）

- 8 个新鲜香菇，洗净并切片（如果使用干香菇，请提前浸泡）

- 1 量杯熟板栗，对半切开（请选择新鲜炒熟的板栗或超市中售卖的无添加熟板栗仁）

- 1/5 量杯干的羊栖菜，提前浸泡（请不要倒掉用于浸泡的水）

- 8 片豆腐干，洗净并切成火柴杆状

- 1/3 量杯酱油

- 1 量杯水

- 1 汤匙芝麻油 / 葵花籽油 / 米糠油 / 葡萄籽油

- 适量白 / 黑芝麻，用于装饰

- 适量葱末 / 香菜碎，用于装饰

做法

1. 在一个中等深度的炒锅 / 汤锅中加入油，开火热油。

2. 待锅热后，加入莲藕翻炒 30 秒至 1 分钟（注意不要炒煳了）。

3. 加入板栗、豆腐干并翻炒均匀。

4. 接着加入水并煮沸。

5. 将香菇和羊栖菜放入锅中煮 2 分钟。

6. 加入酱油调味并转小火继续炖煮 3 分钟。

7. 根据自己的喜好用酱油调味或添加浸泡海藻的水以调整稠度，但这道菜肴本身是一道炖菜，因此请不要加太多水分以防变成了汤。

8. 关火出锅摆盘，用芝麻、葱末、香菜装饰即可享用。

9. 根据食谱可以制作 4 个人的分量。

这道菜肴又是我某天无意中做出来的，那天我检查了冰箱里的食材，把我喜欢的蔬菜都放进锅里做成了香喷喷的炖菜。我尤其喜欢香菇和板栗，还有维生素、矿物质、植物蛋白质和膳食纤维含量都非常丰富的豆腐干。快来跟我一起做这道菜吧！

芝麻盐

食材

- 5 汤匙芝麻
- 1/2 茶匙海盐

芝麻盐在日语中被称为"gomashio"，源于日本传统料理。食材仅有两种即芝麻和海盐，却为超级食物。它是自然平衡饮食中最为重要的调味料之一，能够为我们增加优质的碘和钙，用法也非常简单，那就是撒在汤、谷物饭、炖菜、面条、蔬菜等食物上面。你只需要准备好未去壳的芝麻、优质的海盐还有一口平底锅，就是这么简单！

做法

1. 用中火加热中等大小的平底锅。

2. 加入海盐翻炒 2 分钟，慢慢地持续地翻炒，炒好后放入一个小碗中待用。

3. 接着翻炒芝麻，同样需要慢慢地持续地翻炒直到香味散出，白芝麻呈现出金黄色（注意千万不要炒煳了，如果锅太烫请调小火）。

4. 在一个臼中将炒好的海盐和芝麻磨碎，也可以使用香料粉碎机，我们需要保留一些颗粒感，因此只需要略微磨碎即可，不然就成为粉末了。

5. 将制作好的芝麻盐自然冷却，完全散热后放入密封的容器中在室温中保存，可以作为调味料搭配任何菜肴享用。

荔枝沙拉配芝麻酱

沙拉食材

- 1 量杯新鲜荔枝，去皮去核并一分为二
- 1 把混合生菜叶及几片红色菊苣叶
- 1 把荷兰豆或任何当季的菜豆
- 2 量杯水，用于煮熟荷兰豆或菜豆
- 1 茶匙芝麻，用于装饰（你也可以用前面提到的日式芝麻盐）

酱汁食材

- 4 汤匙纯芝麻酱
- 2 汤匙橄榄油
- 3~4 汤匙水（根据实际情况调节）
- 1 茶匙枫糖浆
- 1 汤匙淡味噌酱
- 1 茶匙新鲜酱汁
- 1 个柠檬的柠檬汁
- 适量海盐和胡椒

做法

1. 将所有制作酱汁所需要的食材放入搅拌机中搅拌均匀，根据实际情况，如果太稠可以慢慢加入一点水。

2. 将 2 量杯水煮沸，放入荷兰豆或其他当季菜豆快速煮熟，大约只需 30 秒，不要煮得太久，要保留蔬菜的颜色、爽脆和营养。

3. 将沙拉所需的食材放入一个沙拉碗或者盘子中。

4. 将酱汁淋在上面，用芝麻或芝麻盐装饰即可享用。

　　在厨房中备一瓶芝麻酱是个享受芝麻的香浓与营养的绝妙好方法，这款微咸的芝麻酱非常适合用于搭配沙拉，还可以用在需要使用酱汁的其他菜肴中。

芝麻脆饼

这款脆饼零食因使用了芝麻而独具亚洲气息，是男女老少都爱的咸味小点，健康无负担！家长可以带着孩子一起制作，寓教于乐，让小朋友们发现中国的超级食物可以有这么摩登又有趣的变化。

芝麻的含钙量惊人，相信你的祖母一定知道并且经常使用，可以做菜、做装饰，也可以用我们今天的方法作为主料制成小零食。车前子壳则是一种具有很好黏性的高纤维食材，在这则食谱中也发挥了非常重要的作用。

食材

- 180 克白芝麻
- 180 克黑芝麻
- 2 汤匙车前子壳
- 2 量杯水
- 1/2 茶匙海盐
- 适量橄榄油，用于涂在烘焙纸上

做法

1. 将烤箱预热至 160 摄氏度。
2. 将 2 个烤盘铺上烘焙纸。
3. 用一个刷子均匀地将橄榄油刷在烘焙纸上。
4. 在一个搅拌碗中混合所有食材并放置大约 15~20 分钟，待其变黏稠并完全融合。
5. 将混合物平均分放在 2 个烤盘上，均匀铺开，为了脆片的口感，请将混合物铺得越薄越好但不要有洞。
6. 放入烤箱烘烤 40~60 分钟。
7. 每个烤箱的性能不一样，烘烤过程中请不时查看，甚至转动烤盘，以免烤煳。
8. 烤好后先不要着急取出，继续放在烤箱中 15~20 分钟用余温继续加热，这样口感会更加香脆。
9. 烤好后取出，自然放凉。
10. 完全散热后用手掰成任意大小的脆片，可以放入密封容器中保存。

黑芝麻红枣能量球

食材

- 1 量杯红枣，去核并提前浸泡15~20 分钟，浸泡后滤干水分
- 1 汤匙黑芝麻
- 1/2 量杯核桃
- 1/4 量杯火麻仁（你也可以根据个人喜好选择杏仁粉或其他坚果磨成的粉）
- 1 茶匙枫糖浆 / 糙米糖浆

做法

1. 在一台料理机中加入所有食材搅拌均匀，直到混合物呈现出类似"面团"的样子，应当有一点水分这样方便捏成能量球状。如果太干可以慢慢地加入一点水或糖浆再次搅拌均匀，干性食材和湿性食材需要达到合适的比例才能制作出完美的能量球，因此请不断尝试，不断调整（请不要使用功率太强的搅拌机或料理机，因为能量球需要保留一些颗粒感，而且高速搅拌下的芝麻会出油）。

2. 将混合物取出，用手捏成大小适合的能量球，如果喜欢芝麻也可以在外面裹上一层黑芝麻。

3. 放入冰箱冷藏 30~60 分钟使其完全定型，之后即可作为健康能量补充的零食享用。

能量球在最近几年非常流行，广受健康人士的追捧，而我们制作的这款能量球独具中国超级食物的魅力。传统能量球会使用中东椰枣，而我们则使用了中国红枣，再加上芝麻和核桃这样的明星超级食物，营养密度超高，一定令人连连称赞！

传统中医认为核桃补脑，黑芝麻有益毛发、指甲和肾脏，红枣能够补养气血，而且你可能还不知道吧，红枣的维生素 C、钙、磷含量很高，可以强壮骨骼，还能够用于应对焦虑、失眠、消化问题呢。

南瓜籽 ｜ 炒南瓜籽

食材

- 1/2 量杯生的南瓜籽

* 1 口平底锅，用于炒南瓜籽

* 1 个密封玻璃罐，用于储存炒好的南瓜籽

做法

1. 将一口中等大小的平底锅用中火加热。

2. 待锅热后，加入南瓜籽不断翻炒，一旦看到南瓜籽开始在锅里迸溅并发出噼里啪啦的声音，立刻转小火，炒至略微呈现出金黄色，注意不要炒煳了。

3. 持续轻轻地翻炒确保南瓜籽均匀受热，两面都有金黄色出现即可。

4. 关火，倒入一个大的盘子中自然放凉。

5. 完全散热后放入密封的玻璃容器中保存，可以加入沙拉、谷物饭、燕麦粥、汤、蘸酱等食物中，也可以单独作为健康零食享用。

　　将种籽炒香后加入美食中作为装饰和配料是个非常聪明的做法。在自然平衡饮食中，我们常常炒香种籽因为可以让它们释放出优质的油脂和矿物质，这使得我们更容易吸收其中的营养成分。

　　南瓜籽是一种名副其实的中国超级食物，它富含矿物质尤其是锌，这可比吃一大块牛肉好消化多了，还能摄取足量的镁、维生素 K（对骨骼健康至关重要）、铜、铁、维生素 B_2、抗氧化剂和叶酸（这对孕婴人群十分有益）。研究显示南瓜籽有助于改善睡眠，增加精子数量和提高精子质量，修复肠道。

　　南瓜籽是我最喜欢的天然调味品。无须多言，你自己试试看就知道了！

南瓜籽酱

制作好的南瓜籽酱可以作为蘸酱，搭配健康脆片、蔬菜条、谷物面包等享用。这道坚果酱香味十足、口感绵密，极具满足感，是零食界的超级食物！

食材

- 1 量杯生的南瓜籽，提前浸泡过夜
- 1/2 量杯火麻仁
- 1 枝新鲜的百里香或 1/2 茶匙干的百里香（如果能找到新鲜的最好，味道更浓）
- 1/2 茶匙干的牛至叶
- 适量水放在一边备用，坚果酱应该是非常绵稠的，我们不希望它水分太多影响口感，但每个搅拌机的性能不一样，有的搅拌机完全不需要加水就能搅拌均匀，有的搅拌机需要慢慢地加入一点水，根据实际情况而定
- 1 瓣大蒜（可选）
- 2 根小葱
- 1 汤匙新鲜柠檬汁，用于调味
- 适量海盐和胡椒，用于调味

做法

1. 将浸泡好的南瓜籽滤干水分。
2. 将所有食材放入搅拌机中，搅拌至呈现出绵密光滑的蘸酱质地，搅拌过程中可以时不时关掉开关，用勺子将搅拌机下面的食材翻上来，再打开开关继续搅拌，这样可以帮助食材搅拌的时间更长，呈现的效果更好。

南瓜籽"奶"

食材

- 1 汤匙生的南瓜籽，提前浸泡 2~10 个小时
- 6 量杯水
- 4 颗新鲜的红枣，去核，或 1 汤匙枫糖浆 / 甜叶菊糖（可选，如果你不喜欢甜味可以不加任何甜味剂）
- 1 茶匙香草精（可选）
- 1 茶匙海盐（可选）

做法

1. 将南瓜籽提前浸泡至少 2~3 小时，最好能过夜。
2. 将所有食材放入搅拌机中搅拌至顺滑绵密的奶状，颜色应当是淡绿色。

制作好的南瓜籽奶可以直接作为纯素坚果奶品尝，如果你喜欢完全没有渣滓的口感，请在饮用前过滤，反之可以直接饮用。也可以作为基底用于制作思慕雪、甜品、布丁、早餐燕麦等。根据食谱可以制作 1/2 升的坚果奶，可以放入冰箱冷藏保存 2-3 天。

葵花籽 | 葵花籽能量棒

食材

- 1/2 量杯生的葵花籽
- 1/2 量杯生的南瓜籽
- 1 汤匙天然无糖蔓越莓干
- 1/4 量杯黑芝麻
- 1/4 量杯亚麻籽
- 1 小撮海盐
- 1/4 量杯枫糖浆或糙米糖浆
- 2 汤匙杏仁酱（或任何天然的坚果酱/种籽酱）

做法

1. 将烤箱预热至 160 摄氏度。

2. 在一台食物料理机中混合所有食材并搅拌至呈现出具有黏稠度的质地，搅拌过程中注意观察，你可能需要增加干性食材（坚果和种籽）及湿性食材（糖浆及坚果酱）的比例，以使混合物达到完美的状态。

3. 将混合物取出放入模具或烤盘中（烤盘需要铺上烘焙纸）并均匀铺开，请保持一些厚度，因为烤好后会切成能量棒的形状。

4. 确认混合物被压实，四个角也没有遗漏。

5. 放入烤箱烘烤 30~40 分钟，直到呈现出略微金黄的颜色，质地变脆即可。每个烤箱的性能不一样，烘烤过程中请不时查看以免烤煳。

6. 烤好后取出，自然冷却 20~30 分钟，冷却后的能量棒会更加香脆，而且容易切得平整。

　　制作好的能量棒可以放入密封的玻璃容器内保存，冬季不放冰箱可以保存 2~3 天，放入冰箱冷藏可以保存 5~6 天。坚果能量棒又香又脆，植物性蛋白质丰富，正可谓又满足了嘴巴又滋养了身体。一旦自己掌握了自制 100% 天然健康能量棒的方法，相信你再也不会去商店买那种加了很多精致白砂糖、添加剂、面粉、填充物的商品了。

山楂 | 山楂玫瑰花茶

山楂属于玫瑰家族，毋庸置疑是一种传统的中国超级食物，在西方也是如此。它所含的营养物质相当丰富，中医师和自然疗法医师们常用它治疗消化不良，心脏类疾病如心绞痛、动脉粥样硬化、充血性心力衰竭和高血压。

山楂富含膳食纤维、维生素 C、钙、铁、钾和其他多种矿物质，还被作为利尿剂治疗肾脏问题。虽然在这里我们的目的不是推荐大家用山楂来治病，但还是有非常多的美味方法值得去研究和学习。

这则食谱就是教大家用山楂和玫瑰制成漂亮的粉色茶饮，既可以在温热时饮用又可以放置成常温喝下，对于我们的脾脏、胃和肝脏都大有益处。希望大家喜欢这款酸甜可口的排毒饮品。

食材

- 1 汤匙干的山楂片
- 1 汤匙干的玫瑰花
- 2~3 量杯水
- 1 茶匙枫糖浆（可选，如果你喜欢微甜的口味）

做法

1. 在一口小汤锅或烧水壶中加入水并煮沸，放入山楂片和玫瑰花静置 2~3 分钟使香味散出。
2. 如果山楂片很硬，你也可以选择先用小火将山楂片煮 2 分钟，之后再加入玫瑰花，但让食材在热水中静置几分钟非常必要，这样可以使香味完全释放出来。
3. 放入茶杯中在温热或常温时饮用。

山楂奇亚籽果酱

- 1/2 量杯干的山楂片，洗净并切成小块
- 1/2 量杯新鲜草莓，洗净并切成小块
- 2 茶匙奇亚籽
- 2 汤匙枫糖浆
- 1/2 ~1 量杯水

做法

1. 先准备好山楂和草莓，切块的大小取决于个人喜好，如果希望果酱的口感细腻一些就切得小一些，反之可以切得大一些。
2. 将山楂和水放入小汤锅中，小火煮 2 分钟。
3. 加入草莓低火慢炖 1 分钟，接着加入枫糖浆并搅拌均匀。
4. 关火，让食材静置 10~15 分钟，接着放入一个玻璃罐中。
5. 将奇亚籽加入玻璃罐并搅拌均匀，慢慢地奇亚籽会膨胀开来，呈现出果酱的质地。

　　做好的果酱可以在冰箱中冷藏保存 5~8 天，可以搭配谷物面包、玛芬蛋糕、健康脆饼、甜品等一起享用。

　　奇亚籽在南美洲地区非常普遍，当然也是一种超级食物，富含膳食纤维和Omega3（不饱和脂肪酸）。它是我们制作果酱的重头戏，具有遇水膨胀的性能，利用好这一点，我们就可以在不使用任何添加剂的前提下制作出天然美味的果酱了。不过不要一次加入太多奇亚籽，以免膨胀后影响果酱的口感。

銀杏 | **銀杏炒西芹荷蘭豆**

银杏自古以来都是中国超级食物，抗炎和抗氧化能力超强，在传统中医中有为身体打开通道将精气输送至全身器官的功效，对肾脏、肝脏、大脑和肺部都十分有益。

银杏还可以促进血液循环，支持大脑运作，缓和情绪焦虑，保护眼睛视力，还有许多健康益处无法在这里一一详述。我们鼓励年轻人重新烹饪银杏，不要让这么好的食物慢慢消失在大众的视野中！

食材

- 1/2 量杯煮熟的银杏果
- 2 根西芹，洗净并切片
- 2 量杯荷兰豆，洗净并掐头去尾
- 1 茶匙芝麻油 / 葡萄籽油
- 适量海盐和黑胡椒，用于调味
- 1 小撮白胡椒，用于调味
- 1 瓣大蒜或 1/4 个洋葱，去皮并切碎（可选）

做法

1. 在一口小汤锅中加入水和银杏并持续煮 8~10 分钟直到银杏被煮熟煮软，不能生吃银杏。

2. 在平底锅中加入油，开火热油，待锅热后加入大蒜和洋葱翻炒至散出香味，如果不吃葱姜蒜可以省略这一步，直接加入荷兰豆 1 分钟。

3. 接着加入西芹翻炒，如果锅中的蔬菜变干了，可以加入一点水以免煳锅，然后加入煮熟的银杏果一起翻炒均匀。

4. 用海盐、黑胡椒和白胡椒调味。

5. 关火出锅摆盘，可以作为配菜搭配糙米饭或其他蔬菜一起享用。

白胡椒不仅可以做汤，炒菜时尤其适合为银杏和西芹调味，赶快走进厨房试试吧！

沙棘 | 酸甜沙棘"柠檬饮"

这款饮品十分适合在炎热的夏季冰镇饮用，或者常温时加入一块冰块，但需适量饮用（在传统中医和自然平衡饮食中，我们不建议吃或喝得太冰，对脾脏和胃部刺激太大）。

食材

- 1 瓶沙棘原浆 / 汁
- 1 汤匙枫糖浆（如果你不是纯素者也可以选择使用优质蜂蜜）
- 1 玻璃杯水（约 500-600 毫升）

做法

将所有食材放入玻璃杯中并搅拌均匀后即可享用。

在前面的章节中我们提到过，沙棘是超级食物，它的魅力太大，以至于护肤界早已将沙棘精华加入护肤产品中以达到美白抗氧化的效果。这款沙棘"柠檬饮"实在太容易制作了，喝下去之后，酸甜的口感定会令你直呼过瘾。顺便说一句，沙棘富含维生素 C，下次感冒时不用再发愁吃什么了，喝一杯沙棘汁会让身体加快复原速度。

沙棘属灌木，在俄罗斯、喜马拉雅山脉和中国西北地区有所种植，市面中可以购买到沙棘汁、原浆、粉、油、茶和锭剂补充剂等不同类型的沙棘产品。

沙棘本身除了酸味以外，还带有微微的涩味，与苹果和胡萝卜搭配再合适不过。如果你喜欢更甜的口感，可以自己调整甜味剂的比例。

食材

- 2 汤匙沙棘汁 / 沙棘原浆
- 1/4 量杯胡萝卜，洗净去皮并切块
- 1/3 量杯苹果，洗净去皮并切块（红苹果最佳）
- 1 量杯水
- 1 汤匙枫糖浆，用于调味（可选，如果你不是纯素者也可以选择使用优质蜂蜜）

做法

1. 将所有食材放入搅拌机中搅拌均匀，直到呈现出顺滑的思慕雪质地。如果你的搅拌机功率不高，可以先将苹果和胡萝卜在榨汁机中榨汁（我们建议最好不用榨汁机，因为榨汁机会过滤掉食物本身的膳食纤维）。

2. 制作好的思慕雪可放入玻璃杯中享用，非常清爽，尤其适合在春夏季节饮用。

沙棘
苹果
胡萝卜
中医思慕雪

如果你想补充维生素 C 并为身体的免疫系统保驾护航，那请别再犹豫，沙棘就是你最好的选择。沙棘是众所周知的超级食物中的超级食物，甚至在护肤界都有一定的地位，能够促进皮肤细胞修复，改善色素沉淀，喝下去第二天甚至就会开始觉得皮肤在慢慢变好。

玉米 | 玉米须茶

玉米须茶是亚洲家庭中传统的排毒饮，具有祛湿排毒的功效，尤其适合在潮湿的季节中饮用。玉米须茶还可以代替水、椰子水和坚果奶作为基底制作各种思慕雪。

食材

- 2 根玉米（保留玉米须和嫩的玉米皮），洗净
- 6~8 量杯水，需根据汤锅的大小调整

玉米须茶可以单独饮用，也可以作为基底制作其他饮品，有助于帮助身体排除湿气。中医常常建议产后面临水肿问题的女性用玉米须煮水喝下，当然所有朋友都可以学习这个方法帮助身体祛湿，消肿排毒。

做法

1. 将外层老的玉米皮去掉，保留内层嫩的玉米皮以及所有的玉米须。

2. 将玉米洗净并放入汤锅中加水煮沸。

3. 持续开中火煮 20 分钟，每 4~5 分钟用筷子或叉子翻动。

4. 当玉米煮好后水应该呈现淡黄色，将玉米须水倒入杯子中放在一边静置放凉。

附录

你的健康厨师团队
**本书的贡献者与
个人故事**

The Appendix

金伯利·阿什顿（Kimberly Ashton）

健康教练、营养烹饪老师、中医食疗与自然平衡饮食厨师、作家

金伯利·阿什顿（Kimberly Ashton），中文名为夏婉婷，是一位澳大利亚作家、传统中医与自然平衡饮食教育者、健康生活方式博主、营养烹饪老师和健康厨师。她在中国生活已超过 18 年的时间，并在 2011~2018 年间与合伙人共同经营着上海第一家健康食品店、咖啡厅和营养烹饪工作室 Sprout Lifestyle。

作为天然食物、植物性营养和整体健康教育的先驱推广者，她一直在亚洲范围内通过教育培训、撰写博客、出版书籍等方式推广健康功能性饮食、传统中医食疗与自然平衡饮食的理念。

目前，她拥有一个整体健康平台，将食疗和自然平衡饮食与阴瑜伽、道瑜伽、瑜伽休息术、气功和泰式瑜伽按摩相结合，以支持现代人获取一种更加阴性、沉静和放松的生活方式，并且提高对最佳健康的观念与意识。想获取更多资讯，请登录她的健康平台官方网站 www.yinlifestyle.com。

在成为一名专业的整体健康与营养咨询师前，Kimberly 曾先后在纽约综合营养研究所进行培训，及在澳大利亚进行系统学习并考取了自然疗法医生执照。此外，从 2011 年起，她前往全球各地的自然平衡饮食学院继续深造，并在葡萄牙自然平衡饮食学院获得了自然平衡饮食的高级认证证书。

通过撰写和出版《了不起的中国超级食物》这本书，她想与国内外的朋友分享美好的中国传统食材，并引导大家走进厨房，开始感受食物疗法的魅力。本书的一部分是她在荷兰的 Deshima 健康咖啡厅中完成的，她深感荣幸能够从阿德尔伯特·内利森（Adelbert Nelissen）及其家人还有欧洲自然平衡饮食学院的团队那里，学习到关于食疗和自然平衡饮食的宝贵知识。

目前，她与这些对她意义重大的良师益友们，包括位于欧洲和日本东京的自然平衡饮食学院的老师、她的中医老师、这么多年结交的学生朋友们一起，在亚洲各地和澳大利亚推广中国超级食物、功能性饮食和健康烹饪。

英奇·珍妮（Inge Jeanne）
健康教练、食物造型师、摄影师

英奇·珍妮（Inge Jeanne）是一名富有天分、自学成才的南非摄影师，她刚刚开始了美妙的食物摄影之旅，而这一切的机缘均来自她对食物和健康生活充满了热爱与激情。

2013 年她搬到了上海，从那时起开始不遗余力地忙于学习有关健康、健身和摄影的一切事情。在厨房里花了无数个日夜进行烹饪尝试和食谱试验后，她决定将摄影与自己的爱好结合在一起。而正是这个决定为她打开了一个全新的世界，并很快成为她最重要的灵感来源之一，对她的创造性思维做出了极大的贡献。

参与这本书籍的创作纯粹是英奇·珍妮（Inge Jeanne）一种自然而然的出于爱的决定，更是她将自己对营养和健康食物的巨大热情变成现实的一个举动。能够通过文字与摄影激励他人吃得更健康，让大家明白家庭烹饪可以如此优雅和美丽，她感到由衷的兴奋。她非常感激能有机会从视觉美学角度激励人们享受 "超级食物"。

温迪·阿什顿 (Wendy Ashton)
纯素厨师、食物制作助理、图书项目助理

温迪·阿什顿 (Wendy Ashton) 是一位在中国生活超过 8 年的加拿大人，她曾在东京自然平衡饮食学院完成了初级认证培训的学习，并跟随科林·坎贝尔博士 (Dr.Colin Campbell) 完成了植物性营养的学习课程。

她热衷于中医、食疗和自然平衡饮食，帮助 Kimberly 为《了不起的中国超级食物》一书亲手制作了许多健康美味的料理。她最喜欢的中国超级食物是赤小豆。

克莱曼斯·德布斯切尔 (Clemence Debusschere)
图书项目助理

克莱曼斯·德布斯切尔 (Clemence Debusschere) 曾在上海居住了 6 年，是本书最早的创始团队成员，支持我们编撰了第一版《中国超级食物食材库》。她坚信，饮食和生活方式在每个人的生活中都有着极其深远的含义，能够改变一个人的健康状况，是健康幸福最重要的基础因素。

凭借一腔对传统中医和健康饮食的热爱，她进行了系统学习并于 2017 年以营养师的身份毕业，之后在心理学领域继续深造。目前，Clemence 在美国加州的一个专门帮助面临心理疾病障碍的学龄儿童的专业机构中工作。

借此机会，她希望将自己的心声通过原话分享给大家："Kimberly 曾帮助我学习如何从食物的内涵去理解它们。我由衷希望这本书能够引导你开始探索全新的、健康的饮食，调整原有的生活方式并收获所有你值得的益处。"

孙佳音
《了不起的中国超级食物》译者

孙佳音从湖南师范大学英语系毕业后，带着对美食的热爱，远赴欧洲进行餐饮管理项目的深造。

她从始至终都非常热爱自然、健康、环保的饮食方式，传统餐饮业工作的经历更是使她看到越来越多的人因为不合理的饮食让身心付出健康代价的残酷现状。2015 年回到上海，她加入 Sprout Lifestyle 团队与 Kimberly 一起推广健康饮食和烹饪。目前她专心从事健康教育和疾病预防的工作，还利用闲暇时间与志同道合的朋友一起定期举行植物性饮食营养讲座和美食分享活动。

作为本书唯一的译者，她将超级食物、传统中医与自然平衡饮食的理论和实践知识用浅显易懂的语言转述出来。希望通过自己的力量转变大家的观念，正确理解植物性饮食，为自己、家人和整个生态环境做出改变。

《了不起的中国超级食物》幕后照片集锦